Khushbu Vaghaiya
Ganesh Kulkarni

Posição dos frutos e carga de retenção no rendimento e na qualidade das sementes de quiabo

Khushbu Vaghaiya
Ganesh Kulkarni

Posição dos frutos e carga de retenção no rendimento e na qualidade das sementes de quiabo

ScienciaScripts

Imprint

Cover image: www.ingimage.com

This book is a translation from the original published under ISBN 978-620-7-45484-6.

Publisher:
Sciencia Scripts
is a trademark of
Dodo Books Indian Ocean Ltd. and OmniScriptum S.R.L publishing group

120 High Road, East Finchley, London, N2 9ED, United Kingdom
Str. Armeneasca 28/1, office 1, Chisinau MD-2012, Republic of Moldova, Europe
Printed at: see last page
ISBN: 978-620-8-29677-3

Conteúdo

Dedicado aos
meus queridos pais
Pelas suas esperanças e
orações
sem fim

.

Khushbu...

RESUMO

***Palavras chave*:** Parâmetros de qualidade de sementes, rendimento de sementes, quiabo, posições de frutos e cargas de retenção de frutos

O estudo intitulado **"Efeito da posição do fruto e da carga de retenção de frutos na produção de sementes e parâmetros de qualidade de sementes em quiabo [*Abelmoschus esculentus* (L.) Moench]"** foi realizado durante o *verão* de 2018 na Fazenda Sagdividi, Departamento de Ciência e Tecnologia de Sementes, Faculdade de Agricultura, Universidade Agrícola de Junagadh, Junagadh. O experimento consistiu em três fatores, primeiro fator variedades de quiabo, ou seja, GJO-3 e GAO-5, segundo fator carga de retenção de frutas, ou seja retenção de frutos nascidos em nós diferentes para fins de semente e retenção de todos os frutos e terceiro fator recolha de sementes de diferentes posições dos frutos, frutos nascidos em 1-3 nós (c_1), frutos nascidos em 4-8 nós (c_2), frutos nascidos acima de 8th nós (c_3), frutos nascidos em 1-8 nós (c_4), frutos nascidos em 1-3 nós e acima de 8th nós (c_5), frutos nascidos acima de 4th nós (c_6) e todos os frutos (c_7). Os caracteres: emergência no campo (%), dias para o início da floração, altura da planta aos 30 DAS (cm), altura da planta na colheita final (cm), comprimento do fruto (cm), número de sementes por fruto, peso de cem sementes (g) e rendimento de sementes por planta (g) foram registados no campo e analisados utilizando o esquema de blocos aleatórios (Fatorial) com três repetições, de acordo com Cochran e Cox (1957).

A observação laboratorial dos parâmetros de qualidade das sementes objeto do estudo foi efectuada no laboratório do Departamento de Ciência e Tecnologia das Sementes, Faculdade de Agricultura, Universidade Agrícola de Junagadh, Junagadh. Os caracteres, a *saber,* germinação da semente (%), comprimento da raiz (cm), comprimento do rebento (cm), comprimento da plântula (cm), peso fresco da plântula (g), peso seco da plântula (g), índice de vigor da plântula-I, índice de vigor da plântula-II e teor de humidade da semente (%), foram analisados através de um desenho completamente aleatório (Fatorial), de acordo com o método sugerido por Cochran e Cox (1957).

A influência varietal foi observada no rendimento e nas caraterísticas relacionadas. A variedade GAO-5 registou valores mais elevados para a altura da planta na colheita final e para o comprimento do fruto, enquanto a variedade GJO-3 registou valores comparativamente mais elevados para os dias até ao início da floração, altura da planta aos 30 DAS, número de sementes por fruto, peso de cem sementes e rendimento de sementes por planta.

Em condições laboratoriais, a variedade GJO-3 registou a maior germinação de sementes, comprimento de raiz, comprimento de rebento, comprimento de plântula, peso fresco de plântula, peso seco de plântula, índice de vigor de plântula-I e índice de vigor de plântula-II.

Verificou-se que a retenção de frutos foi significativamente máxima e mínima em termos de altura da planta na colheita final, comprimento do fruto, número de sementes por fruto, peso de cem sementes e produção de sementes por planta, na retenção de frutos nascidos em nós diferentes para fins de semente e retenção de todos os frutos, respetivamente.

Em condições laboratoriais, a retenção de frutos nascidos em diferentes nós para fins de semente registou uma germinação de sementes significativamente mais elevada, comprimento da raiz, comprimento do rebento, comprimento da plântula, peso fresco da plântula, peso seco da plântula, índice de vigor da plântula-I e índice de vigor da plântula-II em comparação com a retenção de todos os frutos.

A colheita de sementes de frutos com 1-3 nós registou um comprimento máximo do fruto, número de sementes por fruto e peso de cem sementes, seguido da colheita de sementes de frutos com 4-8 nós e da colheita de sementes de frutos com 1-8 nós. Por outro lado, observou-se um comprimento de fruto significativamente mais baixo na colheita de sementes de todos os frutos. A recolha de sementes de frutos com mais de 8th nós registou um número mínimo de sementes por fruto e peso de cem sementes.

A altura máxima da planta na colheita final foi registada na colheita de sementes de frutos com 1-3 nós e acima de 8 $nós^{th}$, seguida da colheita de sementes de frutos com mais de 8 $nós^{th}$, da colheita de sementes de frutos com 1-3 nós e da colheita de sementes de frutos com 1-8 nós, todas iguais à colheita de sementes de frutos com 1-3 nós e acima de 8 nósth. A altura mínima da planta na colheita final foi registada na posição do fruto, com a colheita de sementes de frutos com mais de 4 nósth.

A recolha de sementes de todos os frutos registou uma produção de sementes significativamente mais elevada por planta, seguida da recolha de sementes de frutos com 1-8 nós e da recolha de sementes de frutos com mais de 4 nósth. Enquanto que a colheita de sementes de frutos com mais de 8th nós registou significativamente a menor produção de sementes por planta.

Em condições laboratoriais, a colheita de sementes de frutos com 1-3 nós registou uma percentagem de germinação de sementes significativamente máxima, comprimento da raiz, comprimento do rebento, comprimento da plântula, peso fresco da plântula, peso seco da plântula, índice de vigor da plântula-I e índice de vigor da plântula-II, seguido da colheita de sementes de frutos com 4-8 nós e da colheita de sementes de frutos com 1-8 nós. Enquanto que a colheita de sementes de frutos com mais de 8th nós registou uma percentagem de germinação de sementes, comprimento da raiz, comprimento do rebento, comprimento da plântula, peso fresco da plântula, peso seco da plântula, índice de vigor da plântula-I e índice de vigor da plântula-II significativamente mais baixos.

Todas as interações, ou seja, efeito de interação variedades (V) x retenção de frutos (H), efeito de interação variedades (V) x recolha de sementes de diferentes posições de frutos (C), efeito de interação retenção de frutos (H) x recolha de sementes de diferentes posições de frutos (C) e efeito de interação variedades (V) x retenção de frutos (H) x recolha de sementes de diferentes posições de frutos (C) para a altura da planta na colheita final, comprimento do fruto, número de sementes por fruto, peso de cem sementes e rendimento de sementes por planta foram considerados significativos.

Todas as interações, ou seja efeito de interação variedades (V) x retenção de frutos (H), efeito de interação variedades (V) x colheita de sementes de diferentes posições de frutos (C), efeito de interação retenção de frutos (H) x colheita de sementes de diferentes posições de frutos (C) e efeito de interação variedades (V) x retenção de frutos (H) x colheita de sementes de diferentes posições de frutos (C) foram consideradas não significativas para a percentagem de emergência no campo, dias para o início da floração, altura da planta aos 30 DAS, percentagem de germinação da semente, comprimento da raiz, comprimento do rebento, comprimento da plântula, peso fresco da plântula, peso seco da plântula, índice de vigor da plântula-I, índice de vigor da plântula-II e teor de humidade da semente.

RECONHECIMENTO

A minha viagem de pós-graduação está a chegar ao fim. Fazer um mestrado é uma experiência simultaneamente dolorosa e agradável. É como escalar um pico alto, passo a passo, acompanhado de amarguras, dificuldades, frustrações, encorajamento e confiança, e com a ajuda amável de muitas pessoas. Quando dei por mim no topo a apreciar a bela paisagem, percebi que foi, de facto, o trabalho de equipa que me levou até lá. Embora não seja suficiente exprimir por palavras a minha gratidão a todas as pessoas que me ajudaram, gostaria, ainda assim, de agradecer a todas elas.

De facto, as palavras de que disponho não são adequadas para transmitir a profundidade do meu sentimento e da minha gratidão para com o meu honrado orientador principal, **Dr. G. U. Kulkarni,** Professor Associado, Departamento de Genética e Melhoramento de Plantas, Faculdade de Agricultura, JAU, Junagadh, pela sua orientação muito valiosa e inspiradora, com a sua natureza amigável, amor e afeto, pela sua atenção e atitude magnânima desde o primeiro dia, pelo seu encorajamento constante, pela sua enorme ajuda e pelas suas críticas construtivas ao longo da investigação e da preparação deste manuscrito.

Talvez o melhor trabalho que fiz no decurso desta tese tenha sido escolher um comité incrível. I am obliged to the minor guide of advisory committee, **Dr. L. L. Jivani,** Associate Research Scientist, Vegetable Research Station, JAU, Junagadh and to the members of my advisory committee, **Dr. J. B. Patel,** Associate Professor, Department of Seed Science and Technology, College of Agriculture, JAU, Junagadh, **Dr. U. K. Kandoliya,** Professor Assistente, Departamento de Biotecnologia, JAU, Junagadh e **Dr. L. K. Sharma,** Investigador Assistente, Estação de Investigação de Leguminosas, JAU, Junagadh, pelas suas sugestões úteis, atenção constante e ajuda durante todo o período de investigação.

Com toda a honra e êxtase de prazer, exprimo os meus sinceros e especiais agradecimentos pelas facilidades proporcionadas pelo **Dr. A. R. Pathak,** Hon'ble Vice-Chanceler, JAU, Junagadh; **Dr. V. P. Chovatia,** Diretor de Investigação e Decano de Estudos PG, JAU, Junagadh; e **Dr. B. K. Sagarka,** Diretor, Colégio de Agricultura, JAU, Junagadh; pela sua cooperação e encorajamento sempre dispostos.

Estou sinceramente grato ao **Dr. J. B. Patel,** (I/C) Professor e Diretor do Departamento de Ciência e Tecnologia das Sementes e a todos os membros do pessoal do Departamento de Ciência e Tecnologia das Sementes, pela orientação e ajuda necessária durante o período do meu estudo.

Jyoti Sondarva e à **Sra. D. V. Vora,** pela sua ajuda constante no laboratório e pela disponibilização periódica do material de vidro necessário durante todo o período do meu estudo de investigação. Também os meus sinceros agradecimentos ao **Dr. C. A. Babariya, D. V. Savaliya** e **Prof. K. H. Ribadiya**, Ex. Farm Manager, Sagdividi Farm e a todos os outros membros do pessoal da Sagdividi Farm, Department of Seed Science and Technology, College of Agriculture, JAU, Junagadh, pela sua imensa ajuda e melhor cooperação durante o estudo e a experimentação.

Agradeço sinceramente aos membros do pessoal da Biblioteca Central, da secção "C" do gabinete do diretor e da secção de exames do gabinete do secretário pela sua cooperação durante o meu estudo.

Para mim, a investigação não é um trabalho de um só homem. Em cada fase deste trabalho, um grande grupo de amigos meus, incluindo **Narendra, Kaushik, Parth, Ajay, Pratik, Vijay, Deep, Naimish, Mayank, Shweta, Pooja, Mital, Vidhi, Upma, Kinnari, Amita, Purvisha, Disha, Ishita, Krina, Sangita, Vedangi, Ravina e Krimpal**, partilharam o meu trabalho. Todos os amigos são tão íntimos que parece estranho dizer-lhes "Obrigada". Em vez disso, estarei sempre disposta a ajudá-las sempre que a oportunidade surgir.

A dicção não é suficiente para exprimir a minha gratidão ao meu pai, Sr. **Parsotambhai**, à minha mãe, Sra. **Jayshreeben,** ao meu irmão **Rajan** e à minha família, cujo amor desinteressado, afeto filial, encorajamento constante, sacrifícios obstinados, orações sinceras, expectativas e bênçãos foram sempre uma fonte vital de inspiração na minha vida. Faltam palavras para exprimir a minha dívida para com os meus queridos pais. Muito humildemente, inclino a minha cabeça com reverência para os

meus veneráveis papá e mamã e muito amor para o meu irmão, cujo amor incessante, bênçãos gentis e inspiração me fizeram alcançar este objetivo.
A todos os que citei, por favor, aceitem os meus mais profundos agradecimentos e aos que não citei, saibam que, apesar de não terem sido citados nesta obra, não são desconhecidos para mim e merecem mais agradecimentos.
Um milhão de agradecimentos ao **"Senhor KHODIYAR MATAJI"** e ao **"Senhor KRISHNA"**, todo-poderoso e meu grande zelador, que sempre estiveram ao meu lado para mostrar as suas bênçãos e compaixão eternas, cuja graça está sempre a motivar-me e a inspirar-me em todos os momentos do meu trabalho e que trouxeram uma alegria sem limites à minha vida.

(i^^k^gia^ya)

CAPÍTULO - I

INTRODUÇÃO

Os legumes são de importância primordial na dieta humana, pois fornecem uma fonte mais barata de nutrientes como hidratos de carbono, minerais, vitaminas, proteínas e fibras alimentares. Os frutos do quiabo são uma fonte rica em vitamina A, C e minerais, *nomeadamente* Ca, Mg, I e Fe, bem como uma boa fonte de proteínas (20 %) e óleo vegetal (14 %). O valor nutritivo médio (ANV) do quiabo é de 3,21 por cento, superior ao do tomate, do brinjal e dos legumes cucurbitáceos (Sharma e Arora, 1993). É uma importante cultura hortícola anual cultivada pelos seus frutos imaturos, verdes e não fibrosos comestíveis nas regiões tropicais e subtropicais do mundo. Para além dos frutos, as folhas também são consumidas em alguns países africanos. Atualmente, o quiabo é comummente consumido como prato de legumes cozidos ou fritos em restaurantes, saladas e cafetarias. Tornou-se um novo vegetal alternativo na dieta europeia. As sementes de quiabo também ganharam muito interesse como uma nova fonte de óleo e de proteínas. Segundo consta, partes não especificadas da planta possuem propriedades diuréticas. O óleo de sementes de quiabo contém gossipol, um contracetivo masculino.

O quiabo [*Abelmoschus esculentus* (L.) Moench] é popularmente conhecido como lady's finger em inglês, *gombo* em francês, *guibeiro* em português, *guino-gombo* em espanhol, *bhindi* em hindi, *gandhmula* em sânscrito e *bamiah* em árabe. Acredita-se que o quiabo seja originário do centro de origem do Hindustão, principalmente na Índia (Zeven e Zhukovsky, 1975). O quiabo foi anteriormente incluído no género *Hibiscus*, secção *Abelmoschus* na família *Malvaceae* (Schippers, 2000). Que inclui culturas de fibras como o algodão (*Gossypium* spp.) e o Kenaf (*Hibiscus cannabinus*). O binómio atualmente aceite para o quiabo é *Abelmoschus esculentus* L. Moench, anteriormente referido como *Hibiscus esculentus* L.

O quiabo constitui uma fonte importante de vitaminas e minerais (Lamont, 1999). Grubben *et al.* (1977) registaram níveis significativos de hidratos de carbono, potássio e magnésio. As sementes de quiabo contêm entre 15 e 26 % de proteínas e mais de 20 % de óleo comestível (Berry *et al.* 1988). Sob uma boa gestão, podem-se obter cerca de 10-15 t / ha de produção de frutos.

O quiabo tem um enorme potencial de exportação como legume fresco. Representa 70 por cento dos 30 por cento das receitas de exportação de produtos hortícolas, com exceção da cebola. Os nossos principais alvos têm sido os países vizinhos do Golfo e do Sudeste Asiático, em especial Singapura, Maurícia, Malásia, Sri Lanka e Bangladesh, que necessitam de produtos hortícolas durante todo o ano. Países do Médio Oriente como o Barém, o Qatar, o Kuwait, a Arábia Saudita, Mascate, Teerão e Abu Dhabi são mercados potenciais futuros para a exportação de produtos hortícolas da Índia.

O quiabo [*Abelmoschus esculentus* (L.) Moench] é uma cultura hortícola economicamente importante cultivada nas regiões tropicais e subtropicais do mundo. A secção *Abelmoschus* foi subsequentemente proposta para ser elevada à categoria de género distinto pelo uso mais amplo de *Abelmoschus* foi subsequentemente aceite na literatura taxonómica e contemporânea (Hochreutimer, 1924). Este género distingue-se do género *Hibiscus* pelas caraterísticas do cálice, espatulado, com cinco dentes curtos, conado à corola e caduceu após a floração (Kundu e Biswas 1973; Terell e Winters, 1974). O quiabeiro é propagado principalmente por sementes e tem uma duração de 90-100 dias.

É geralmente uma planta anual. O seu caule é robusto, ereto e varia de 0,5 a 4,0 m de altura. As folhas são alternas e geralmente palmadas com cinco lóbulos, enquanto a flor é axilar e solitária. A estrutura da flor combina hermafrodismo e auto-incompatibilidade. O fruto do quiabo contém numerosas sementes ovais, lisas, estriadas e de cor verde escura a castanha escura (Lakkundi, 2013).

É uma cultura hortícola tradicional cultivada comercialmente na África Ocidental, Índia, Sudeste Asiático, Sul dos Estados Unidos, Brasil, Turquia e Norte da Austrália. O quiabo tem sido cultivado em África há mais de 2000 anos e a sua domesticação ocorreu provavelmente no Egito, onde há registos que remontam ao período Neolítico (Chevalier, 1940; Charrier, 1984). O quiabo obteve uma posição proeminente entre as culturas hortícolas orientadas para a exportação devido ao seu elevado valor nutritivo e vida útil prolongada em comparação com outros produtos hortícolas.

O quiabo [*Abelmoschus esculentus* (L.) Moench] é originário da África do Sul e da Ásia. Na Índia, a área cultivada com quiabo é de 528 mil hectares, com uma produção anual de 6146 mil toneladas e uma produtividade de 11,64 toneladas por hectare, enquanto em Gujarat é cultivada numa área de 76029 hectares, com uma produção de 908676,75 toneladas e uma produtividade de 11,95 toneladas por ha de frutos verdes (Anon., 2016 -17).

Os principais estados produtores de quiabo na Índia são Gujarat, Maharashtra, Andhra Pradesh, Uttar Pradesh, Tamil Nadu, Karnataka, Haryana e Punjab, onde é cultivado como uma cultura da época kharif e de verão. Não cresce em colinas altas e em zonas com temperaturas muito baixas. Cresce bem nas zonas onde as temperaturas diurnas se mantêm entre 25 °C e 40 °C e as nocturnas são superiores a 22 °C. Em Gujarat, os principais distritos de cultivo do quiabo são Surat, Vadodara, Junagadh, Surendranagar, Gandhinagar, Banaskantha, Kheda e Anand.

A semente é um fator de produção muito importante, do qual depende o rendimento final da cultura. Por conseguinte, é necessário prestar a máxima atenção a este fator de produção não monetário para melhorar o rendimento. Para obter o máximo rendimento de sementes com qualidade, também é necessário o crescimento correto da planta e a sua frutificação.

O quiabo é uma das mais importantes culturas hortícolas cultivadas pelos seus frutos verdes para fins hortícolas. Há uma grande procura das suas sementes por parte dos produtores. Vários factores influenciam a produção de sementes de quiabo, entre os quais a posição dos frutos e a colheita de frutos verdes são de grande importância. A capacidade das sementes de produzir um maior número de plântulas normais e vigorosas depende de um enchimento e maturação adequados das sementes, pois a competição por assimilados entre frutos e dentro dos frutos prejudica a fixação e o desenvolvimento das sementes (Bertin, 1995). A qualidade da semente determina frequentemente a estabilidade do rendimento das culturas hortícolas. As sementes nucleares de alta qualidade devem, portanto, ser colhidas de frutos colhidos na maturidade fisiológica. Nas plantas de floração indeterminada, os frutos podem variar muito na maturidade da semente, dependendo das posições nodais da vagem da semente. Tradicionalmente, toda a planta de quiabo é colhida para fins de semente e o produtor tem de esperar até à maturidade do último fruto.

As informações sobre o efeito da combinação da posição e da retenção do fruto na produção de sementes de quiabo são escassas, especialmente em relação à qualidade das sementes. Por conseguinte, as presentes investigações serão efectuadas para descobrir o efeito da posição e da retenção dos frutos na produção de sementes e na qualidade das sementes de quiabeiro.

Sendo o quiabo de natureza indeterminada, tem um comportamento de frutificação peculiar. A próxima floração e frutificação não ocorre até que os frutos anteriores não estejam completos. Assim, a maturação dos frutos ocorre em intervalos diferentes e influencia diretamente o sistema fonte-dreno. A presente investigação foi efectuada para identificar o sistema judicioso de distribuição de fotossintatos entre os frutos e a semente. A posição do fruto e a retenção de frutos em diferentes nós podem ser mais eficazes não apenas para colher sementes de alto vigor com rendimento de sementes. (Sharma *et al.* 2018)

Assim, as presentes investigações sobre o **"Efeito da posição do fruto e da carga de retenção do fruto na produção de sementes e nos parâmetros de qualidade das sementes de quiabo [*Abelmoschus esculentus* (L.) Moench]"** serão iniciadas com os seguintes objectivos

i. Descobrir a carga óptima de frutos e a posição adequada dos frutos na planta para obter maior rendimento e qualidade das sementes de quiabo.

ii. Descobrir o efeito do rácio fonte/dreno em diferentes posições na planta para obter maior rendimento e qualidade das sementes de quiabo.

CAPÍTULO - II

REVISÃO DA LITERATURA

O quiabo [*Abelmoschus esculentus* (L.) Moench], popularmente conhecido como "bhendi", é uma cultura hortícola anual valiosa. A informação relativa a vários factores que influenciam a produção de sementes de quiabo, entre os quais a posição do fruto e a carga de retenção do fruto, é de grande importância. Foram feitos esforços para recolher a revisão da literatura sobre o efeito da posição do fruto e da carga de retenção do fruto na produção de sementes por planta e na qualidade das sementes de quiabo e de outras culturas hortícolas, que são analisadas neste capítulo.

Alpuerto (1987) estudou os efeitos da posição dos frutos na planta-mãe e o número de frutos por cacho na viabilidade das sementes de duas variedades de tomate tropical. A posição dos cachos de frutos na planta-mãe não influenciou o tamanho dos frutos, a produção de sementes e a percentagem de germinação, mas afectou o número de sementes por fruto, o peso de mil sementes e a taxa de germinação. Embora o número de sementes tenha aumentado da zona inferior para a zona superior do fruto, o peso e o rendimento das sementes, a taxa de germinação e a percentagem de germinação diminuíram.

Setubal *et al.* (1994) estudaram a ocorrência de sementes duras em quiabeiro [*Abelmoschus esculentus* (L.) Moench] em função da colheita de um único fruto após a senescência da planta ou da colheita periódica de frutos no estádio de maturação morfológica. Foram utilizadas as cultivares "Amarelinho", "Santa Cruz-47" e "Campinas IAC 4076", considerando-se os frutos nascidos na haste principal e os nascidos nos ramos laterais. A porcentagem de sementes duras foi avaliada pelo teste padrão de germinação e observou-se que a colheita de um único fruto após a senescência da planta aumentou a ocorrência de sementes duras, independentemente do método de colheita utilizado. Sugere-se a possibilidade de aproveitar a colheita de frutos únicos durante a senescência da planta, o que reduzirá os custos de produção de sementes sem interferir na qualidade das mesmas.

Bertin (1995) estudou o crescimento potencial dos frutos proximais que era fortemente dependente da posição da inflorescência no caule do tomateiro em estufa, enquanto o crescimento potencial dos frutos distais era inferior ou igual ao dos frutos proximais da mesma inflorescência e era independente da posição da inflorescência.

entre a frutificação de inflorescências individuais e a relação entre o crescimento real e potencial dos frutos.

Bhatt e Srinivasa Rao (1997) estudaram a relação fonte-dreno associada à manipulação das posições reprodutivas na planta em duas cultivares de quiabo (Arka Anamika e Pusa Makhamali). As diferenças de cultivar para o crescimento em extensão não foram significativas, exceto no tratamento em que todas as flores e botões florais até ao 8th nó foram removidos. As reduções do sumidouro reprodutivo resultaram numa diminuição da acumulação total de matéria seca por planta de 13 a 46 % em Arka Anamika e de 18 a 34 % em Pusa Makhamali. Os frutos nos nós centrais parecem ser um sumidouro proeminente. A manipulação do sumidouro não resultou em nenhuma mudança particular na tendência da fotossíntese, mas provocou uma mudança significativa na divisão da matéria seca.

Bertin *et al.* (1998) relataram que a variabilidade no peso potencial dos frutos estava principalmente relacionada com a cultivar, enquanto as diferenças entre os frutos proximais e distais eram significativas apenas para o tomate beefsteak. A longo prazo, não foi detectado qualquer efeito de treliça sobre este potencial. Sob condições de crescimento competitivo, o peso dos frutos distais foi mais reduzido do que o dos frutos proximais, especialmente para a cultivar beefsteak. A relação entre o peso do fruto e o número de sementes foi mais estreita à medida que a gama de variabilidade do peso do fruto foi reduzida, ou seja, por ordem crescente: cultivares long life, round e beefsteak. A inclinação da relação linear entre o peso do fruto e o número de sementes foi reduzida pela competição por assimilados, exceto para a cultivar Longa Vida. Por conseguinte, uma grande variabilidade residual no peso dos frutos não é explicada nem pelo potencial dos frutos nem pelo teor de sementes, e pode estar relacionada com as regulações internas da planta em resposta ao equilíbrio fonte-dreno durante o desenvolvimento da cultura.

Bhatt e Srinivasa Rao (1998) encontraram uma diferença considerável na percentagem de germinação entre as sementes recolhidas de diferentes posições das vagens nas plantas. A germinação variou de 28 a 58 por cento nas vagens superiores, 29 a 87 por cento nas vagens médias e 67 a 76 por cento nas vagens inferiores em diferentes cultivares a 15^0 C. A 25^0 C a germinação das sementes variou de 83 a 95 por cento nas vagens superiores, 95 a 98 por cento nas vagens médias e 95 a 96 por cento nas vagens inferiores. No entanto, a 35^0 C as sementes da vagem superior tiveram 87-97 por cento; as sementes da vagem média 92-98 por cento e as sementes da vagem inferior 95-97 por cento de germinação em várias cultivares de quiabo. Assim, relataram que houve uma resposta da posição da vagem e da temperatura na germinação de sementes de quiabo.

Cheplick e Sung (1998) referiram que, nas gramíneas, a semente basal (cariopse) numa espigueta é maior e menos dormente do que a superior. A gramínea anual das dunas *Triplasis purpurea* apresenta um heteromorfismo de sementes dependente da posição em termos de número de sementes, massa e caraterísticas de dormência/germinação.

Malik *et al.* (2000) relataram que a germinação de sementes de quiabo, obtidas de vagens amadurecidas e secas posicionadas na base e no meio das plantas-mãe, permaneceu acima do padrão mínimo de certificação de sementes mesmo após o armazenamento ambiente de 32 meses, enquanto as sementes obtidas de vagens que acabaram de ficar amarelas e posicionadas na base, no meio e no topo das plantas-mãe mantiveram o padrão mínimo de certificação de sementes de germinação até 8 meses após a colheita e, mais tarde, perdem sua germinação e vigor muito rapidamente.

Yadav e Dhankhar (2001) relataram que, no quiabeiro, valores mais altos de sementes por fruto (48,96), peso do teste (62,58 g), germinação padrão (86,57 %) e rendimento de sementes (14,15 q/ha) foram registados em sementes colhidas nas posições mais baixas da planta, seguidas de perto pela posição média (45,81, 60,37 g, 83,79 % e 11,23 q/ha, respetivamente) e valores significativamente mais baixos foram observados em sementes de frutos de posição superior. A melhor qualidade de sementes em termos de comprimento de plântula (28,13 cm), peso seco de plântula (1,33 g) e índices de vigor I e II (2453 e 115, respetivamente) foi registada em sementes colhidas de frutos de posição inferior e os valores mais baixos correspondentes (19,64 cm, 1,13 g, 1369,51, 77,97, respetivamente) foram registados em sementes de frutos de posição superior no quiabeiro.

Bhatt e Srinivasa Rao (2003) efectuaram um estudo para determinar as alterações na fotossíntese e nos componentes do rendimento associadas à excisão de folhas em diferentes posições (nós pares e ímpares) no quiabeiro (*Abelmoschus esculentum* L. cv. Arka Anamika). Uma relação sumidouro/fonte mais elevada aumentou a taxa fotossintética e a área foliar das folhas restantes. O aborto de sementes foi de 15 % nos frutos inferiores, 34 % nos médios e 49 % nos superiores quando as folhas ímpares foram removidas, enquanto foi de 17 % nos frutos inferiores, 49 % nos médios e 54 % nos superiores quando as folhas pares foram removidas.

Boquet e Moser (2003) estudaram no algodão que o peso da cápsula no local de frutificação 1 aumentava quando as cápsulas eram retidas nos FS 2 e 3. A retenção de uma cápsula no local de frutificação 1 aumentou a retenção da cápsula no local de frutificação 2, mas diminuiu o peso da cápsula no local de frutificação 2. Em contrapartida, o peso da cápsula no local de frutificação 2 aumentou quando as cápsulas foram retidas no local de frutificação 3, ou no local de frutificação 1 e 3. O aumento aparente da competição entre os locais de frutificação num simpódio teve efeitos favoráveis na retenção da cápsula e no peso da cápsula, exceto no local de frutificação 2, quando o local de frutificação 1 reteve uma cápsula e o local de frutificação 3 não reteve uma cápsula.

Pascual *et al.* (2003) relataram que a percentagem final de germinação em sementes de alcaparra foi afetada pela posição do fruto e pelo peso unitário do fruto, mas não pelo estádio de maturação do fruto. Os melhores resultados, acima de 90 %, foram obtidos com frutos de tamanho grande ou médio e com frutos fixados na região central ou apical dos ramos.

Prabhakar *et al.* (2003) estudaram a qualidade das sementes e a produtividade do quiabo em relação à posição nodal da vagem. O terceiro e quarto nós produziram vagens mais longas, com maior peso e maior número de sementes por vagem e peso de cem sementes.

Rao *et al.* (2004) estudaram que, no quiabeiro cv. VRO-6, as vagens da parte inferior de 66% da planta produziram sementes de melhor qualidade. Os resultados dos testes de germinação e de vigor das plântulas indicaram que as sementes obtidas da região média de 33 % da planta apresentaram germinação e vigor máximos, seguidas de perto pelas sementes colhidas na região inferior de 33 % da planta. As sementes colhidas na porção superior de 33% são sementes mais leves e tendem a diminuir o rendimento e a qualidade das sementes. Embora as sementes de melhor qualidade tenham sido produzidas nos nós inferiores e médios, para a produção prática de sementes a granel, as sementes também podem ser colhidas nos nós superiores, desde que se pratique uma separação rigorosa por gravidade da densidade e se descartem as sementes infectadas.

Urban *et al.* (2004) concluíram que a cintura e a elevada carga de frutos afectam a fotossíntese de forma permanente, diminuindo e aumentando, respetivamente, a concentração de azoto na folha. Além disso, a carga de frutos pode ter um efeito adicional na capacidade fotossintética, afectando a relação entre Vcmax e Jmax, e Na. (taxa máxima de carboxilação (Vcmax), taxa saturada de luz do transporte fotossintético de electrões (Jmax), quantidade de azoto por unidade de área foliar (Na).

Bhatt e Srinivasa Rao (2005) estudaram o efeito da carga de frutos nas respostas das plantas em duas cultivares (Arka Anamika e Parvani Kranti) de quiabo (*Abelmoschus esculentum* L). Registou-se uma redução de 12 a 40 % na fotossíntese em plantas despodadas e de 16 a 52 % em plantas com vagens de Arka Anamika, enquanto que foi de 2,5 a 54 % em plantas despodadas e de 1,0 a 66 % em plantas com vagens de Parbhani Kranti. A redução máxima na acumulação de matéria seca total foi de 51 % em plantas despoduladas de Arka Anamika, enquanto 43 % em plantas com vagens de Parbhani Kranti.

Moravcova *et al.* (2005) estudaram os efeitos da massa do fruto e da germinação da semente na espécie exótica *Heracleum mantegazzianum* da família Apiaceae. Concluíram que, nos vegetais, a posição de uma semente ou fruto numa planta pode afetar a sua morfologia, massa e caraterísticas de dormência/germinação, sendo estas respostas descritas como efeitos dependentes da posição.

Nabi *et al.* (2009a) observaram na cultura do quiabo que, ao reter 1st seis frutos/planta, a percentagem de germinação das sementes (88 %), o peso de 100 sementes (7,262 g), o índice de vigor das plântulas I (3667) e o índice de vigor das plântulas II (1793) aumentaram. No entanto, o maior rendimento de sementes/ha (32,69 q) foi obtido quando os primeiros 12 frutos foram retidos.

Nabi *et al.* (2009b) estudaram no quiabeiro os coeficientes de correlação entre vários caracteres. Os caracteres incluídos foram a produção de sementes (q/ha), o peso de 100 sementes (g), a germinação de sementes (%), o peso seco das plântulas (mg), o comprimento das plântulas (cm) e o índice de vigor I e II. Os resultados revelaram que a percentagem de germinação foi positiva e significativamente correlacionada com o índice de vigor das plântulas I e o peso seco das plântulas com o índice de vigor I e II. No entanto, a produção de sementes foi negativa e significativamente correlacionada com o peso seco das plântulas, o índice de vigor I e II.

Narayan *et al.* (2009) estudaram a influência da carga de frutos no quiabeiro cv. PUSA SAWANI na qualidade e rendimento das sementes. Foram registados dados sobre os caracteres dos frutos e das sementes. Os resultados da germinação e do peso de 100 sementes indicaram que as sementes obtidas do tratamento T3 (retenção dos primeiros 10 frutos) apresentaram germinação e peso de sementes máximos. O comprimento do fruto (17,35) foi significativamente maior no tratamento T1 (retenção dos primeiros 6 frutos). O tratamento T3 (retenção dos primeiros 10 frutos) registou o maior rendimento de sementes, 26,35 q/ ha, seguido de 23,60 q/ ha, registado pelo controlo (sem remoção de frutos).

Nabi *et al.* (2010) os resultados revelaram que a altura da planta e a produção de frutos no quiabeiro foram mais elevados para o tratamento em que foram retidos 12 frutos e para os outros tratamentos, ou seja, o peso do fruto, o comprimento do fruto e o diâmetro do fruto foram mais elevados quando apenas seis frutos foram retidos, respetivamente.

Hedau *et al.* (2010) estudaram a qualidade da semente e seu vigor em quiabeiro cv. VL Bhindi 1. Os frutos das posições inferiores (1st a 3rd) e intermediárias (4th a 8th) dos nós nos estágios marrom seco e marrom seco produziram as sementes de melhor qualidade. As sementes obtidas dos frutos posicionados nos nós centrais apresentaram germinação e vigor máximos, seguidas de perto pelas sementes colhidas na parte inferior da planta. No entanto, as sementes obtidas dos frutos superiores apresentaram uma fraca produção e qualidade de sementes. O número de sementes por fruto variou significativamente com a posição do fruto (65,93 a 45,63 em 2006 e 66,05 a 47,2 em 2007). A fase de colheita e a sua interação com a posição do fruto foram consideradas não significativas no que diz respeito ao número de sementes/fruto. Os resultados revelaram que um comprimento de plântula e um índice de vigor razoavelmente bons foram observados com sementes obtidas de frutos inferiores e médios (P1 & P2) e frutos castanhos não secos a castanhos secos (H2 & H3) e as suas interações (P2H3, P1H3, P2H2 & P1H2).

Francis e Opondo (2011) estudaram que a posição das vagens tinha efeitos no peso do teste de sementes, na taxa de germinação (tempo para atingir 50% de germinação, T50) e na percentagem de germinação. No que respeita ao peso de teste das sementes, os frutos inferiores produziram sementes mais pesadas do que os frutos médios e superiores. As sementes dos frutos inferiores e médios germinaram mais rapidamente do que as dos frutos superiores. As sementes colhidas dos frutos inferiores e médios apresentaram uma germinação mais elevada do que as dos frutos superiores na planta da aranha (*Cleome gynandra* L.).

Ibrahim e Oladiran (2011) avaliaram frutos de quiabo que se desenvolveram nas posições 1, 3, 5 e 7 colhidos aos 14, 21, 28, 35, 42, 49 e 56 dias após a antese (DAA). Com exceção do aumento inicial do peso dos frutos entre 14 e 21 DAA na posição 7, de modo geral não foi registrado aumento com o atraso na colheita. No entanto, os frutos da posição 7 eram significativamente mais curtos e mais finos do que os das outras posições. O número de sementes por fruto na posição 7 foi significativamente menor do que nas outras posições em todos os DAAs. Em todos os DAAs, o peso das sementes e a capacidade de sobrevivência foram melhores nas posições de fruto 1, 3 e 5.

Singh *et al.* (2011) estudaram que a qualidade das sementes é severamente afetada pela posição dos frutos, maturidade das sementes e época de crescimento, *etc.* Os resultados mostram um efeito significativo da carga de frutos na produção de sementes híbridas, no potencial de germinação e no vigor. A germinação das sementes apresentou uma diminuição significativa com o aumento da carga de frutos, enquanto que com uma carga óptima de frutos (até 6 frutos), apresentou 65-75 % de germinação. Observou-se também que a carga de frutos afectava o crescimento e o número de plântulas normais, plântulas duras e mortas. As sementes com menor carga de frutos (até 4 frutos) germinam cedo e, portanto, as plântulas crescem vigorosamente em comparação com as sementes com maior carga de frutos. A maioria das sementes de boa qualidade e o seu rendimento foram obtidos a partir de sementes arrojadas e vigorosas encontradas na carga média de frutos (4-8 frutos). As sementes vazias tendem a aumentar com o aumento da carga de frutos. No entanto, as sementes de quiabo arrojadas colhidas de 2nd a 8th frutos possuíam um vigor 20-25 % superior ao da carga de frutos superior. Estes resultados terão um grande impacto na tecnologia de produção de sementes híbridas de quiabeiro e ajudarão a baixar o custo das sementes híbridas.

Kazem *et al.* (2012) estudaram que as sementes das partes superiores dos dosséis eram maiores e apresentavam maior qualidade, em comparação com as das partes médias e inferiores. A vantagem das sementes superiores foi mais evidente nos tratamentos de irrigação I3 e I4. O peso da semente teve a maior correlação positiva com o peso seco da plântula. Assim, o fornecimento suficiente de água e a produção de sementes grandes e uniformes podem ser uma maneira prática de melhorar a qualidade do lote de sementes em cultivares de soja.

Mohsen *et al.* (2012) relataram que o peso da semente variou tremendamente e as interações da ordem do perfilho x posição da semente e genótipo x posição da semente na cabeça foram altamente significativas. A maior parte da posição da semente na cabeça dos perfilhos principais tinha sementes mais pesadas do que suas contrapartes nos segundos perfilhos, exceto a espigueta basal que tinha peso de semente semelhante em ambos os perfilhos no trigo.

Kumari *et al.* (2013) investigaram que seis, oito, dez e doze frutos por planta foram retidos e no controlo todos os frutos foram retidos. A retenção de seis frutos por planta resultou num aumento do comprimento do fruto, do diâmetro do fruto, do peso do fruto, do peso de 100 sementes, da percentagem de germinação das sementes, do índice de vigor das sementes-I e do índice de vigor das sementes-II. O rendimento de sementes por planta, o rendimento de sementes por parcela e o rendimento de sementes por hectare foram mais elevados no tratamento em que foram retidos doze frutos numa planta de quiabeiro.
Gicuta (2015) mostrou diferenças significativas entre os valores dos principais índices fisiológicos da qualidade das sementes, tanto para a faculdade germinativa das sementes quanto para sua energia germinativa em pimentão verde *(Capsicum annuum* L.*)*. Entre a posição do fruto na planta e a qualidade das sementes existe uma forte correlação negativa, distinta e significativa, sendo o valor do coeficiente de relação (r) superior aos valores de P 5% e P 1%.
Hafiz *et al.* (2015) estudaram o facto de a posição da síliqua determinar o teor e a composição do teor de óleo e proteína em brássicas. A posição da semente na cabeça tem uma ligeira influência no teor de óleo, mas um impacto pronunciado no perfil de ácidos gordos e tocoferol no milho.
Mohammadi *et al.* (2015) estudaram os efeitos da carga de frutos nas caraterísticas das vagens e sementes de quiabo em quatro cultivares de quiabo ('Boyiatiou', 'Veloudo', 'Clemson' e 'Pylaias'). Foram aplicados três níveis de carga de frutos [L1, L2, e L3 (10, 15 e todos os frutos da planta, respetivamente)] nas plantas. Deixar mais frutos na planta (L3) provocou uma menor germinação de sementes nas cv. 'Boyiatiou' e 'Veloudo', enquanto que nas cv. 'Pylaias' e 'Clemson' se observou o efeito contrário. A germinação mais elevada foi registada nas plantas com a menor carga de frutos (L1). A maior dureza de sementes e a menor germinação de sementes foram observadas na cv. 'Boyiatiou'. A indução floral, a frutificação e as dimensões dos frutos não foram afectadas pela carga de frutos, independentemente da cultivar. O número de sementes por fruto não foi afetado pela carga de frutos, mas o tamanho das sementes (peso médio de 100 sementes) tendeu a diminuir com a carga de frutos na cv. 'Boyiatiou' e 'Pylaias'. Também não se registou um efeito consistente da carga de frutos na altura da planta. Em conclusão, não se considera que a carga de frutos afecte a qualidade da semente de quiabo e, especialmente para culturas destinadas à produção de sementes, os produtores não devem aplicar o desbaste de vagens, uma vez que não se observou qualquer efeito na qualidade da semente.
Sankar *et al.* (2015) avaliaram dez variedades de quiabo utilizando testes padrão, tais como percentagem de germinação, peso de 100 sementes, densidade de sementes, condutividade eléctrica de lixiviados de sementes, velocidade de germinação, comprimento da raiz, comprimento do rebento, comprimento das plântulas, peso seco da raiz, peso seco do rebento, peso seco das plântulas, comprimento do índice de vigor, massa do índice de vigor e vigor das sementes. Os resultados revelaram que a variedade Shakti é a melhor para estes parâmetros em especial. No que respeita à viabilidade e ao vigor das sementes, as variedades Shakti, Shivam e Bhendi Anjali foram consideradas superiores para estes parâmetros. A análise de variância revelou a presença de uma variabilidade considerável entre as variedades para todos os caracteres.
Sankar e Mani (2015) estudaram a viabilidade das sementes e os parâmetros de vigor de várias variedades de quiabo. Pode concluir-se que a variedade Shakti foi identificada como a melhor variedade para estes parâmetros, tanto no campo dos agricultores como nas formas de investigação. As variedades Shakti, Shivam e Bhendi Anjali foram consideradas superiores nos parâmetros de viabilidade e vigor das sementes. A análise de variância (ANOVA) revelou a presença de uma variabilidade considerável entre as variedades para todos os caracteres.
Bhanuje e Raikar (2016) revelaram que o tratamento T7 (retenção de todos os frutos para fins de semente) resultou em melhores parâmetros de qualidade da semente. Foram registadas diferenças significativas devido à carga de frutos e à colheita de frutos verdes para o peso de teste, percentagem de germinação, comprimento da raiz, comprimento do rebento, índice de vigor e peso seco das plântulas. Todos estes parâmetros de qualidade da semente foram significativamente mais elevados no T7 (Retenção de todos os frutos para fins de semente) (4,61 g, 90,42 %, 8,1 cm, 5,9 cm, 1260 e 31,00

mg, respetivamente)). Enquanto que no T6 (arrancando os 18 frutos iniciais da fase verde para fins hortícolas e retendo os restantes frutos para fins de semente) foram significativamente mais baixos (3,20 g, 74,50 %, 4,9 cm, 4,3 cm, 687 e 15,80 mg, respetivamente).

Kortse e Oketa (2016) estudaram três variedades populares de quiabo, isto é, NHAe 47-4, V35 e uma variedade local em Makurdi. O objetivo era determinar os efeitos da posição do fruto na planta-mãe sobre a qualidade da semente. Os frutos foram colhidos em plena maturidade nas suas respectivas posições (ápice, meio e base). O resultado foi que não houve diferenças significativas na germinação das sementes extraídas dos frutos posicionados no ápice e no meio, mas a sua germinação foi significativamente melhor do que a das sementes extraídas dos frutos da base. Deve ser dada preferência aos frutos posicionados no ápice e no meio quando a colheita se destina à extração de sementes.

Mohamed *et al.* (2016) estudaram a produção de sementes e a qualidade do quiabo foram obviamente influenciadas pela posição das vagens (inferior, média e superior) no rendimento e na qualidade das sementes de quiabo (Balady cv.). Os resultados obtidos indicaram que, as vagens nas posições inferior ou média na planta de quiabo exibiram os melhores valores na produção de sementes em termos de número de sementes / vagem, peso de sementes / vagem, peso de 100 sementes e qualidade em termos de porcentagem de germinação, comprimento de raiz e broto de mudas. Todas as combinações possíveis tiveram um efeito significativo no diâmetro da vagem, índice de sementes, percentagem de germinação e rebentos em ambas as estações (estações de *verão* de 2013 e 2014).

Elena *et al.* (2017) relataram que a posição do fruto no cacho de tomate cereja diminuiu o tamanho do fruto entre 14 e 16% e o peso 40%; a firmeza em 'Lazarino' aumentou 56%; aumentou 12% em 'Lazarino' e diminuiu 13% em 'Summerbrix'; aumentou 9% em 'Summerbrix'. Os teores de carotenóides totais não diferiram em duas posições, e na outra posição os teores foram mais elevados, com uma diferença de 36% entre estes dois valores.

Zubairu *et al.* (2017) estudaram os efeitos das posições dos frutos na produção de frutos e sementes de quiabo. Foram avaliadas as cinco posições dos frutos numa planta-mãe (3, 5, 7, 9 e 10). A posição inferior do fruto 3 proporcionou significativamente um maior número de frutos, enquanto o rendimento aumenta com a posição do fruto na planta-mãe. Da mesma forma, foram registados frutos mais pesados nas posições de fruto inferiores. Os frutos formados nas posições inferiores 3 e 5 produziram mais sementes com maior peso do que os frutos formados nas posições superiores.

Sharma *et al.* (2018) avaliaram a variedade de quiabo, Arka Anamika, que foi testada com 12 combinações de tratamento (consistindo em cargas de retenção de frutos e posições de frutos). Foram registados valores significativamente mais elevados para o número de frutos/planta, comprimento do fruto (cm), número de sementes/fruto e produção de frutos verdes na carga de retenção de frutos R1 (retenção de frutos nascidos em diferentes nós para fins de semente e colheita dos restantes frutos para fins hortícolas) em relação a R2 (retenção de todos os frutos). Entre as posições dos frutos, a posição P1 (de frutos nascidos em 1-3 nós) registou valores significativamente máximos para a maior parte das caraterísticas que contribuem para a produção. Assim, conclui-se que para colher o maior comprimento de fruto, número de frutos por planta, número de sementes por fruto e rendimento de frutos verdes, a combinação de tratamento R1P1 (Retenção de frutos nascidos em 1-3 nós para fins de semente e colheita dos frutos restantes para fins hortícolas) e para obter o maior rendimento de sementes, a combinação de tratamento R1P6 (Retenção de todos os frutos para fins de semente) pode ser adoptada.

Sharma *et al.* (2018) obtiveram valores significativamente mais elevados para o peso do teste (g), germinação padrão (%), densidade de sementes (g/cc), comprimento da raiz (cm), comprimento do rebento (cm), comprimento total da plântula (cm), peso seco da plântula (g), velocidade de germinação, índice de vigor da semente-I e índice de vigor da semente-II e o valor mais baixo para sementes duras (%) foram registados na carga de retenção de frutos R1 em relação a R2. Entre as posições dos frutos, a posição P1 registou valores significativamente máximos para todos os parâmetros estudados, exceto para as sementes duras (%). Assim, conclui-se do trabalho de investigação que, para a colheita de sementes vigorosas e de boa qualidade, a combinação de tratamento R1P1 (Retenção de frutos nascidos em 1-3 nós para fins de semente e colheita dos frutos restantes para fins hortícolas) pode ser adoptada, uma vez que apresentou um desempenho superior ao de outras combinações de tratamento para todos os parâmetros de qualidade das sementes de quiabo.

CAPÍTULO - III

MATERIAIS E MÉTODOS

O experimento de campo foi realizado na Fazenda Sagdividi, Departamento de Ciência e Tecnologia de Sementes, Universidade Agrícola de Junagadh, Junagadh, durante o *verão* de 2018 para estudar o **"Efeito da posição do fruto e da carga de retenção do fruto na produção de sementes e parâmetros de qualidade da semente no quiabo [*Abelmoschus esculentus* (L.) Moench]"** e os estudos de laboratório foram realizados no Laboratório de Teste de Sementes, Departamento de Ciência e Tecnologia de Sementes, Faculdade de Agricultura, Universidade Agrícola de Junagadh, Junagadh. A variedade de quiabo GJO-3 foi obtida da Vegetable Research Station, Junagadh Agricultural University, Junagadh e a GAO-5 foi obtida da Anand Agricultural University, Anand. Geograficamente, Junagadh está situada a 21,5° de latitude norte e 70,5° de longitude leste, com uma altitude de 60 metros acima do nível médio do mar. O solo do sítio experimental era preto médio, de origem aluvial e pobre em matéria orgânica.

Os dados meteorológicos sobre a temperatura máxima e mínima e a humidade relativa para o *verão* de 2018 foram obtidos no observatório meteorológico da Universidade Agrícola de Junagadh, Junagadh (anexo I).

Os pormenores dos materiais utilizados e das metodologias adoptadas no presente inquérito são descritos neste capítulo.

3.1 Detalhes experimentais

Com o objetivo de estudar o "Efeito da posição do fruto e da carga de retenção do fruto na produção de sementes e nos parâmetros de qualidade das sementes de quiabo [*Abelmoschus esculentus* (L.) Moench]", a presente experiência foi planeada durante o *verão* de 2018.

3.1.1 Localização

Campo : SagdividiFazenda ,
Departamento de Ciência e Tecnologia das Sementes, Escola Superior de Agricultura, Universidade Agrícola de Junagadh, Junagadh.

	Laboratório		Laboratório de ensaio de sementes, Departamento de Ciência e Tecnologia das Sementes, Escola Superior de Agricultura, JunagadhAgricultural Universidade, Junagadh.
3.1.2	**Ano e estação do ano Experiência**		verão-2018
3.1.3	**Conceção da experiência**	Campo	Desenho de blocos aleatórios (Fatorial)
		Laboratório	Completamente aleatório Conceção (Fatorial)
3.1.4	**Número de réplicas**		3 (Três)
3.1.5	**Espaçamento**		45 x 20 cm
3.1.6	**Nome das variedades**		(1) GJO-3 (2) GAO-5
3.1.7	**Quantidade**		0,6 kg.
3.1.8	**Dimensão bruta do terreno**		2 x 1,5 m^2
3.1.9	**Tamanho líquido da parcela**		1,6x 0,8 m^2

3.2 Detalhes do tratamento

Fator I: Variedades **V1** = GJO-3 e **V2** = GAO-5

Fator II: Retenção de frutos (H)

H1: Retenção de frutos nascidos em nós diferentes para fins de semente

H2: Retenção de todos os frutos

Fator III: Recolha de sementes de diferentes posições do fruto (C)

C1 : De frutos nascidos em 1-3 nós

C2 : De frutos nascidos em 4-8 nós

C3 : De frutos nascidos acima de 8th nó

C4 : De frutos nascidos em 1-8 nós

C5 : De frutos nascidos em 1-3 nós e acima de 8th nó

C6 : De frutos nascidos acima de 4th nós

C7 : De todos os frutos

Foto 3.1: Vista geral da experiência de campo

Combinações de tratamento

T1: V1H1C1	T15: V2H1C1
T2: V1 H1C2	T16: V2H1C2
T3: V1H1C3	T17: V2 H1C3
T4: V1H1C4	T18: V2 H1C4
T5: V1H1C5	T19: V2 H1C5
T6: V1H1C6	T20: V2H1C6
T7: V1H1C7	T21: V2H1C7

T8: V1 H2C1

T9: V1 H2C2

T10: V1 H2C3

T11: V1H2C4

T12: V1 H2C5

T13: V1 H2C6

T14: V1 H2C7

T22: V2 H2C1

T23: V2 H2C2

T24: V2 H2C3

T25: V2H2C4

T26: V2 H2C5

T27: V2 H2C6

T28: V2 H2C7

3.3 Esquema do plano

O experimento foi realizado em um delineamento em blocos casualizados (fatorial) durante a temporada de *verão* do ano de 2018 (Anexo II).

3.4 Acções culturais

3.4.1 Preparação do terreno

Durante a época de experimentação, o terreno foi lavrado com charrua de aiveca, seguida de duas gradagens para tornar o solo fino, de modo a facilitar a sementeira. Os resíduos da cultura anterior e as ervas daninhas foram recolhidos e removidos da área experimental. O terreno foi nivelado com a ajuda de uma prancha.

3.4.2 Aplicação de fertilizantes

Da dose total recomendada de fertilizantes (125:75:62,5 kg NPK/ha) no quiabeiro, metade da dose recomendada de N (62,5 kg/ha) e a dose total de P2O5 (75 kg/ha) e K2O (62,5 kg/ha) foi aplicada como dose basal em cada parcela sob a forma de Ureia e Fosfato de Diamónio e incorporada bem no solo antes da sementeira. Os restantes 62,5 kg/ha de azoto foram dados como cobertura na fase de floração sob a forma de Ureia.

3.4.3 Método de sementeira

As sementes de duas variedades GJO-3 e GAO-5 de cada tratamento foram dibladas à mão a dois a três cm de profundidade em linhas marcadas anteriormente com espaçamento entre linhas de 45 cm e planta a planta de 20 cm. as sementes são semeadas pela manhã em 26 de fevereiro durante o *verão* de 2018.

3.4.4 Irrigação

Logo após a sementeira, as parcelas experimentais foram ligeiramente irrigadas para assegurar uma germinação uniforme adequada e o stand das plantas, enquanto as irrigações subsequentes foram dadas ao campo experimental de acordo com as necessidades da cultura.

3.4.5 Cuidados posteriores

As operações necessárias após o tratamento, tais como monda manual, intercalação de culturas e medidas de proteção das plantas foram realizadas como e quando necessário para manter uma cultura de sementes boa e saudável. A cultura foi pulverizada com profenofos 40 EC @ 10 ml por 10 litros de água + Deltametrina 2,5 % EC @ 10 ml por 10 litros de água aos 30, 45 e 60 DAS para controlar a broca do fruto e do rebento e outras pragas sugadoras durante a experiência.

3.4.6 Colheita

Os frutos foram colhidos quando estavam completamente maduros e secos, abrindo-se ao longo das suturas, para evitar que se partissem. Os frutos foram colhidos com as mãos e debulhados, debulhando as sementes com as mãos, e recolhidos em sacos de polietileno. Estas sementes foram limpas e secas ao sol. Estas sementes foram guardadas em sacos de polietileno para observação em laboratório.

3.5 Observações registadas:

As observações seguintes foram registadas durante a experimentação.

3.5.1 Observações no terreno

Cinco plantas competitivas por tratamento em cada repetição foram selecionadas aleatoriamente para efeitos de registo de observações sobre diferentes caracteres e as suas médias foram utilizadas na análise estatística, mas no caso da percentagem de emergência no campo registada com base na parcela.

3.5.1.1 Emergência no campo (%)

A emergência no campo foi calculada através da contagem do número de plântulas normais emergidas acima do solo por parcela até não haver mais emergência de plântulas após a sementeira.

(De 1-3 nós) (De 4-8 nós) (A partir do 8º nó) (De 1-8 nós)
(De 1-3 e acima do 8º nó) (Acima do 4º nó) (De todos os frutos)
Foto 3.2: Recolha de sementes de frutos nascidos em diferentes posições do fruto

$$\text{Emergência no campo (\%)} = \frac{\text{Número de plântulas emergidas}}{\text{Número total de sementes semeadas}} \times 100$$

3.5.1.2 Dias para o início da floração

Em cada tratamento, as cinco primeiras plantas marcadas foram observadas todos os dias para a iniciação da primeira flor após a sementeira e os dias em que ocorreu o aparecimento da primeira flor foram registados como dias para a iniciação da flor a partir da data da sementeira.

3.5.1.3 Altura da planta aos 30 DAS (cm)

A altura da planta foi medida desde o nível do solo até à ponta do caule principal em cinco plantas marcadas aos 30 dias após a sementeira. A altura média da planta foi medida e expressa em cm.

3.5.1.4 Altura da planta na colheita final (cm)

A altura da planta foi medida desde o nível do solo até à ponta do caule principal em cinco plantas marcadas anteriormente após a colheita final. A altura média foi medida e expressa em cm.

3.5.1.5 Comprimento do fruto (cm)

Após a colheita dos frutos de cinco plantas etiquetadas em cada tratamento e repetição, os cinco frutos de cada planta etiquetada foram selecionados ao acaso para registar o comprimento do fruto. O comprimento do fruto foi medido desde a ponta do fruto até ao ponto de fixação ao pedicelo. A média dos cinco frutos foi calculada e expressa em centímetros.

3.5.1.6 . Número de sementes por fruto

Os cinco frutos utilizados para medir o comprimento foram utilizados para registar o número de sementes por fruto. As sementes de cada fruto foram separadas manualmente e contadas. O número médio de sementes de cinco frutos foi calculado e expresso em número.

3.5.2.7 Peso de cem sementes (g)

O peso de cem sementes em gramas foi registado para cada combinação de tratamento de acordo com o procedimento dado pela ISTA (Anon., 1999).

3.5.1.8 Rendimento de sementes por planta (g)

Aquando da colheita, todos os frutos foram separados manualmente de cinco plantas etiquetadas individualmente e secos, descascados e limpos. O peso das sementes de cada planta foi registado e a média das cinco plantas foi expressa como produção de sementes por planta.

3.5.2 Observações laboratoriais

A observação em laboratório foi efectuada 45 dias após a colheita no campo, devido à quebra de dormência das sementes frescas.

3.5.2.1 Percentagem de germinação das sementes

O teste de germinação em laboratório foi conduzido de acordo com as regras da ISTA (Anon., 1999), adoptando o método da toalha enrolada. Cem sementes em três repetições foram retiradas ao acaso de cada tratamento e colocadas uniformemente em papel de germinação padrão. O papel de germinação foi mantido no germinador de sementes a uma temperatura constante de 25^0 C ± $0{,}5^0$ C com 95 por cento de humidade relativa. As plântulas normais foram avaliadas 8th dias e a média foi expressa em percentagem.

$$\text{Germinação das sementes (\%)} = \frac{\text{Número de plântulas normais germinadas}}{\text{Número total de sementes colocadas para germinação}} \times 100$$

3.5.2.2 Comprimento da raiz (cm)

Dez plântulas normais em cada tratamento foram selecionadas aleatoriamente do teste de germinação para medir o comprimento da raiz no 8th dia de germinação. O comprimento da raiz foi medido da região do colarinho até a ponta da raiz com a ajuda de uma balança. O comprimento médio da raiz de dez plântulas foi calculado e expresso em centímetros.

3.5.2.3 Comprimento do rebento (cm)

As dez plântulas anteriores utilizadas para a medição do comprimento da raiz também foram utilizadas para medir o comprimento do rebento. O comprimento do rebento foi medido desde a região do colarinho até ao ponto de fixação dos cotilédones. A média de dez plântulas foi calculada e expressa em centímetros.

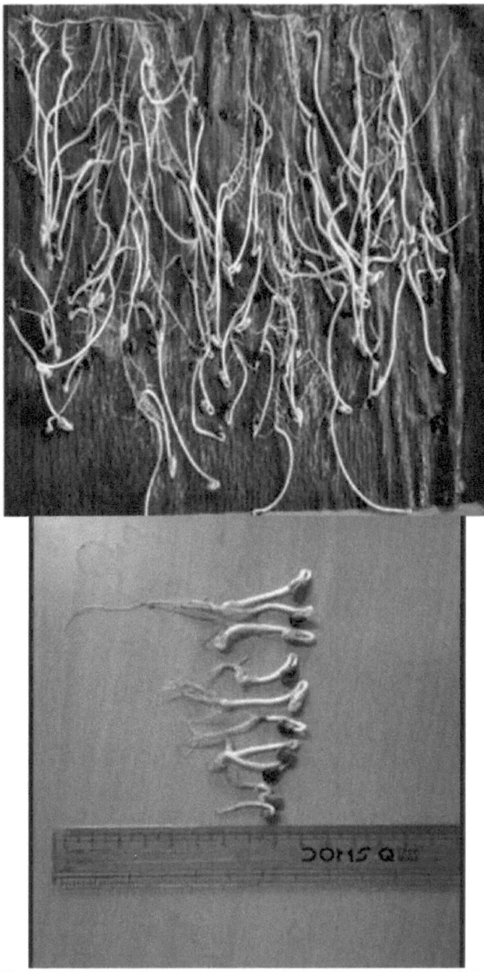

Foto 3.3: Teste de germinação efectuado em laboratório

3.5.2.4 Comprimento das plântulas (cm)

Comprimento da plântula (cm) = Comprimento da raiz (cm) + Comprimento do rebento (cm)

3.5.2.5 Peso fresco das plântulas (g)

Dez plântulas normais de cada tratamento e em cada repetição foram selecionadas aleatoriamente imediatamente após o teste de germinação. O peso fresco das plântulas foi registado numa balança eletrónica e expresso em gramas.

3.5.2.6 Peso seco das plântulas (g)

Após a medição do peso fresco, as plântulas foram secas à sombra durante 12 horas e depois secas em estufa a 100 °C durante 24 horas e pesadas em gramas.

3.5.2.7 Índice de vigor das plântulas-I

Dez plântulas normais de cada tratamento e em cada repetição foram selecionadas aleatoriamente imediatamente após o teste de germinação. O comprimento total da raiz e do rebento foi medido em centímetros. A média de dez plântulas foi calculada para calcular o índice de vigor das plântulas.

O índice de vigor das plântulas-I foi determinado utilizando a fórmula dada por Abdul Baki e Anderson (1973), como se segue.

Índice de Vigor -I = Germinação das sementes (%) x Comprimento das plântulas (cm)

3.5.2.8 Índice de vigor das plântulas-II

As dez plântulas normais selecionadas para o cálculo do índice de vigor das plântulas-II foram secas em estufa e o peso seco em estufa dessas plântulas foi utilizado para o cálculo do índice de vigor das plântulas-II.

O índice de vigor das plântulas-II foi determinado utilizando a fórmula dada por Abdul Baki e Anderson (1973), como se segue.

Índice de Vigor-II = Germinação das sementes (%) x Peso seco das plântulas (g)

3.5.2.9 Teor de humidade das sementes

O teor de humidade das sementes foi calculado de acordo com as regras da ISTA (International Seed Testing Association) (ISTA, 1993).

$$\text{Teor de humidade (\%)} = \frac{\text{Peso das sementes frescas - Peso das sementes secas}}{\text{Peso das sementes frescas}} \times 100$$

3.6 Análise estatística:

Os dados médios foram analisados estatisticamente e submetidos a uma análise de variância, adoptando os métodos adequados, tal como descritos por Cochran e Cox (1957). As diferenças críticas foram calculadas a um nível de probabilidade de 5 por cento sempre que o teste "F" foi significativo.

Foi efectuada a análise estatística dos seguintes aspectos:

1 . Análise de variância para o desenho de blocos aleatórios (Fatorial) para as observações registadas no campo (Experiência de campo).

2 . Análise de variância para um desenho completamente aleatório (Fatorial) para observações registadas em laboratório (Experiência laboratorial).

Os caracteres: emergência no campo (%), dias para o início da floração, altura da planta aos 30 DAS (cm), altura da planta na colheita final (cm), comprimento do fruto (cm), número de sementes por fruto, peso de cem sementes (g) e rendimento de sementes por planta (g) foram analisados por meio de um projeto de blocos aleatórios (fatorial).

Os caracteres: germinação (%), comprimento da raiz (cm), comprimento do rebento (cm), comprimento da plântula (cm), peso fresco da plântula (g), peso seco da plântula (g), índice de vigor da plântula-I, índice de vigor da plântula-II e teor de humidade da semente (%), foram analisados através de um desenho completamente aleatório (Fatorial).

3 .6.1 Desenho de blocos aleatórios (Fatorial)

A análise de variância para o desenho de blocos aleatórios (Fatorial) foi calculada de acordo com o método de Cochran e Cox (1957), que se baseia no seguinte modelo matemático

$$Y_{ijkt} = \mu + r_i + a_j + b_k + ab_{jk} + c_t + ac_{jt} + bc_{kt} + abc_{jkt} + e_{ijkt}$$

Onde,

Y_{ijkt} = Expressão fenotípica do nível j^{th} do fator A, do nível k^{th} do fator B e t^{th} nível do fator C em i^{th} replicação, μ = Média da população,

r_i =Efeito da i^{th} replicação

a_j =Efeito do nível j^{th} do fator A,

b_k =Efeito do nível k^{th} do fator B,

ab_{jk} =Efeito da interação entre o nível j^{th} do factorA e o nívelk^{th} do fator fator B,

c_t =Efeito do nível t^{th} do fator C,

ac_{jt} =Efeito da interação entre o j^{th} nível do factorA e o t^{th} nível de fator C,

bc_{kt} == Efeito da interação entre o nível k^{th} do fator B e o nível t^{th} do fator C,

abc_{jkt} = Efeito da interação entre o nível i^{th} do fator A, o nível k^{th} do fator B e o nível t^{th} do fator C,

e_{ijkt} = Erro aleatório associado à i^{th} replicação na célula (j, k, t).

A forma de análise de variância apresentada na Tabela 3.1 foi construída para caracteres individuais, como: emergência no campo (%), dias para o início da floração, altura da planta aos 30 DAS (cm), altura da planta na colheita final (cm), comprimento do fruto (cm), número de sementes por fruto, peso de cem sementes (g) e rendimento de sementes por planta (g).

Quadro 3.1: A estrutura da ANOAVA para RBD (Fatorial)

Fontes de variação	d.f.	Soma de quadrados	Soma média dos quadrados	Cal. F
Replicações	(R-1)	SS1	MS1	MS1/ MS9
Variedades (V)	(V-1)	SS2	MS2	MS2/ MS9
Retenções de frutos (H)	(H-1)	SS3	MS3	MS3/ MS9
Variedades x Frutos Retenções (V x H)	(V-1) x (H-1)	SS4	MS4	MS4/ MS9
Posições de fruta (C)	(C-1)	SS5	MS5	MS5/ MS9
Variedades x Posições dos frutos (V x C)	(V-1) x (C-1)	SS6	MS6	MS6/ MS9
Retenções de frutos x Posições de frutos (H x C)	(H-1) x (C-1)	SS7	MS7	MS7/ MS9
Variedades x Retenções de frutos x Posições dos frutos (V x H x C)	(V-1) x (H-1) x (C-1)	SS8	MS8	MS8/ MS9
Erro	(R-1) x (VHC-1)	SS9	MS9	
Total	(RVHC - 1)	SS10		

Onde,

SS1 = soma dos quadrados de replicação

SS2 = variedade da soma dos quadrados

SS3 = soma quadrática da retenção de frutos

SS4 = variedade x retenção de frutos soma dos quadrados

SS5 = soma do quadrado da posição do fruto

SS6 = variedade x posição do fruto soma dos quadrados

SS7 = retenção de frutos x posição dos frutos soma dos quadrados

SS8 = variedade x retenção de frutos x posição dos frutos soma dos quadrados

SS9 = Erro da soma dos quadrados

SS10 = Soma total dos quadrados

MS1 = Soma média dos quadrados devido à replicação
MS2 = Soma média dos quadrados devido aos tratamentos
MS3 = Quadrado médio devido à retenção de frutos
MS4 = Quadrado médio devido à variedade x retenção de frutos
MS5 = Quadrado médio devido à posição do fruto
MS6 = Quadrado médio devido à variedade x posição do fruto
MS7 = Quadrado médio devido à retenção do fruto x posição do fruto
MS8 = Quadrado médio devido à variedade x retenção de frutos x posição dos frutos
MS9 = Quadrado médio devido a variação não controlada
R = Número de replicações
V = Variedades
H = Retenções de frutos
C = Recolha de sementes de diferentes posições do fruto
Os quadrados médios devidos a diferentes fontes foram testados em relação ao quadrado médio do erro (MS_E) através do cálculo dos valores "F".
O erro padrão da média (S. Em.) foi calculado utilizando a seguinte fórmula.

S.Em para o fator $V = \sqrt{\frac{ErrorM.S}{rhc}}$

S.Em para o fator $H = \sqrt{\frac{ErrorM.S}{rvc}}$

S.Em para a interação do fator V x H $= \sqrt{\frac{ErrorM.S}{rc}}$

S.Em para o fator $C = \sqrt{\frac{ErrorM.S}{rvh}}$

S.Em para a interação fator V x C $= \sqrt{\frac{ErrorM.S}{rh}}$

S.Em para a interação do fator H x C $= \sqrt{\frac{ErrorM.S}{r}}$

A diferença crítica (D.C.) foi calculada através da seguinte fórmula.

$$C.D. = S.Em \times \sqrt{2} \times t$$

Onde,

"t" = valor de tabela de "t" a um nível de significância de 5 por cento com um grau de liberdade de erro O coeficiente de variação (C.V.) foi determinado de acordo com o seguinte fórmula

$$C.V.(\%) = \frac{\sqrt{EMS}}{\bar{X}} \times 100$$

Onde,

$\bar{X}$ = Média geral

4 .6.2 Desenho completamente aleatório (Fatorial)

A análise de variância para o desenho completamente aleatório (Fatorial) foi calculada de acordo com o método de Cochran e Cox (1957), que se baseia no seguinte modelo matemático

$$Y_{ijkl} = \mu + a_j + b_k + ab_{jk} + c_l + ac_{jl} + bc_{kl} + abc_{jkl} + e_{ijkl}$$

Onde,

Y_{ijkt} =Expressão fenotípica do nível j^{th} do fator A, do nível k^{th} do fator B e t^{th} nível do fator C em i^{th} replicação,

μ = Média da população,

a_j =Efeito do j^{th} nível do fator A,

b_k =Efeito do nível k^{th} do fator B,

ab_{jk} =Efeito da interação entre o nível j^{th} do fator A e o nível k^{th} nível do fator B,

c_t =Efeito do nível t^{th} do fator C,

ac_{jt} =Efeito da interação entre o nível j^{th} do fator A e o nível t^{th} nível do fator C,

bc_{kt} = Efeito da interação entre o nível k^{th} do fator B e o nível t^{th} nível do fator C,

abc_{jkt} = Efeito da interação entre o nível i^{th} do fator A, o nível k^{th} do fator B e o nível t^{th} do fator C,

e_{ijkt} = Erro aleatório associado à i^{th} replicação na célula (j, k, t).

A forma de análise de variância como apresentada na Tabela 3.2 foi construída para caracteres individuais *viz.*, germinação (%), comprimento da raiz (cm), comprimento do rebento (cm), comprimento da plântula (cm), peso fresco da plântula (g), peso seco da plântula (g), índice de vigor da plântula-I, índice de vigor da plântula-II e teor de humidade da semente (%).

Quadro 3.2: A estrutura da ANOVA da CRD (Fatorial)

Fontes de variação	d.f.	Soma de quadrados	Soma média dos quadrados	Cal. F
Variedades (V)	(V-1)	SS1	MS1	MS1/ MS8
Retenções de frutos (H)	(H-1)	SS2	MS2	MS2/ MS8
Variedades x Frutos Retenções (V x H)	(V-1) x (H-1)	SS3	MS3	MS3/ MS8
Posições de fruta (C)	(C-1)	SS4	MS4	MS4/ MS8
Variedades x Frutos Posições (V x C)	(V-1) x (C-1)	SS5	MS5	MS5/ MS8
Retenções de frutos x Posições de frutos (H x C)	(H-1) x (C-1)	SS6	MS6	MS6/ MS8
Variedades x Retenções de frutos x Posições dos frutos (V x H x C)	(V-1) x (H-1) x (C-1)	SS7	MS7	MS7/ MS8
Erro	(R-1) x (VHC-1)	SS8	MS8	
Total	(RVHC - 1)	SS9		

Onde,

SS1 = variedade da soma dos quadrados

SS2 = soma quadrática da retenção de frutos

SS3 = variedade x retenção de frutos soma dos quadrados

SS4 = soma quadrática da posição do fruto

SS5 = variedade x posição do fruto soma dos quadrados

SS6 = retenção de frutos x posição dos frutos soma dos quadrados

SS7 = variedade x retenção de frutos x posição dos frutos soma dos quadrados

SS8 = Soma dos quadrados do erro

SS9= Soma total dos quadrados

MS1 = Soma média dos quadrados devido aos tratamentos

MS2 = Quadrado médio devido à retenção de frutos
MS3 = Quadrado médio devido à variedade x retenção de frutos
MS4 = Quadrado médio devido à posição do fruto
MS5 = Quadrado médio devido à variedade x posição do fruto
MS6 = Quadrado médio devido à retenção do fruto x posição do fruto
MS7 = Quadrado médio devido à variedade x retenção de frutos x posição dos frutos
MS8 = Quadrado médio devido a variação não controlada
V = Variedades
H = Retenções de frutos
C = Recolha de sementes de diferentes posições do fruto
Os quadrados médios devidos a diferentes fontes foram testados em relação ao quadrado médio do erro (MSE) através do cálculo dos valores 'F'.
O erro padrão da média (S. Em.) foi calculado utilizando a seguinte fórmula.

S.Em para o fator V= $\sqrt{\frac{\quad}{\quad}}$

S.Em para o fator H= $\sqrt{\frac{\quad}{\quad}}$

S.Em para a interação do fator V x H = $\sqrt{\frac{\quad}{\quad}}$

S.Em para o fator C= $\sqrt{\frac{\quad}{\quad}}$

S.Em para a interação fator V x C = $\sqrt{\frac{\quad}{\quad}}$

S.Em para a interação fator H x C = $\sqrt{\frac{\quad}{\quad}}$

S.Em para o fator V x H x C interação = $\sqrt{\frac{\quad}{\quad}}$

A diferença crítica (D.C.) foi calculada através da seguinte fórmula.

$$C.D. = S.Em \times \sqrt{2} \times t$$

Onde,
"t" = Valor de tabela de "t" a um nível de significância de 5 por cento com um grau de liberdade de erro
O coeficiente de variação (C.V.) foi determinado de acordo com a seguinte fórmula.

$$C.V.(\%) = \frac{\sqrt{EMS}}{\bar{X}} \times 100$$

Onde,

x = Média geral

CAPÍTULO - IV

RESULTADOS EXPERIMENTAIS

Os resultados obtidos no experimento intitulado **"Efeito da posição do fruto e da carga de retenção do fruto na produção de sementes e parâmetros de qualidade da semente no quiabo [*Abelmoschus esculentus* (L.) Moench]"** foram conduzidos na Fazenda Sagdividi, Departamento de Ciência e Tecnologia de Sementes, Faculdade de Agricultura, Universidade Agrícola de Junagadh, Junagadh durante o *verão* de 2018. Os caracteres *viz.*, emergência de campo (%), dias para o início da floração, altura da planta aos 30 DAS (cm), altura da planta na colheita final (cm), comprimento do fruto (cm), número de sementes por fruto, peso de cem sementes (g) e rendimento de sementes por planta (g) foram registados no campo e foram analisados usando o Randomized Block Design (Fatorial) de acordo com o método sugerido por Cochran e Cox (1957). As observações *relativas à* germinação das sementes (%), comprimento da raiz (cm), comprimento do rebento (cm), comprimento das plântulas (cm), peso fresco das plântulas (g), peso seco das plântulas (g), índice de vigor das plântulas-I, índice de vigor das plântulas-II e teor de humidade das sementes (%) foram registadas no laboratório do Departamento de Ciência e Tecnologia das Sementes, Faculdade de Agricultura, Universidade Agrícola de Junagadh, Junagadh. As observações laboratoriais foram analisadas com recurso a um modelo completamente aleatório (Fatorial), de acordo com o método sugerido por Cochran e Cox (1957).

Esta experiência consistiu num total de 28 combinações de tratamentos envolvendo duas variedades, duas cargas de retenção de frutos e sete posições de frutos. A experiência foi conduzida em blocos casualizados com um conceito fatorial em condições de campo e em blocos completamente casualizados com um conceito fatorial em condições de laboratório e foi repetida três vezes. Os resultados desta experiência são apresentados a seguir.

4.1 Análise de variância para o projeto experimental

4.2 Efeito de vários factores e suas interações em diferentes caracteres

4.1 ANÁLISE DE VARIÂNCIA PARA O PROJECTO EXPERIMENTAL

A análise de variância baseada na soma média dos quadrados revelou a existência de diferenças significativas entre as variedades para os dias até ao início da floração, a altura da planta aos 30 dias após a sementeira, a altura da planta na colheita final, o comprimento do fruto, o número de sementes por fruto, o peso de cem sementes e a produção de sementes por planta, enquanto que não foi significativa para a percentagem de emergência no campo em condições de campo. Em condições de laboratório, todos os parâmetros de qualidade da semente, os caracteres percentagem de germinação da semente, comprimento da raiz, comprimento do rebento, comprimento da plântula, peso fresco da plântula, peso seco da plântula e índice de vigor da semente I e II foram considerados significativos, exceto a percentagem de humidade da semente para as variedades, o que indica que existem diferenças varietais na expressão do carácter. (Tabela 4.1 e 4.2)

As diferenças significativas para o fator retenção de frutos foram significativas para a altura da planta na colheita final, comprimento do fruto, número de sementes por fruto, peso de cem sementes e produção de sementes por planta, enquanto que não foram significativas para a percentagem de emergência no campo, dias para o início da floração e altura da planta aos 30 dias após a sementeira em condições de campo. Em condições de laboratório, todos os parâmetros de qualidade da semente, os caracteres percentagem de germinação da semente, comprimento da raiz, comprimento do rebento, comprimento da plântula, peso fresco da plântula, peso seco da plântula e índice de vigor da semente I e II foram considerados significativos, exceto a percentagem de humidade da semente, indicando que a retenção de frutos de diferentes locais cria diferenças na expressão do carácter. (Tabela 4.1 e 4.2)

As diferenças significativas para o fator sementes colhidas em diferentes posições foram encontradas para a altura da planta na colheita final, comprimento do fruto, número de sementes por fruto, peso de cem sementes e produção de sementes por planta, enquanto que não foram significativas para a percentagem de emergência no campo, dias para o início da floração e altura da planta aos 30 dias após a sementeira em condições de campo. Em condições de laboratório, todos os parâmetros de qualidade da semente, os caracteres percentagem de germinação da semente, comprimento da raiz, comprimento do rebento, comprimento da plântula, peso fresco da plântula, peso seco da plântula e índice de vigor da semente I e II foram considerados significativos, exceto para a percentagem de humidade da semente, indicando que a semente recolhida de diferentes nós na planta dá as diferenças para a expressão dos parâmetros de qualidade da semente. (Tabela 4.1 e 4.2)

A interação entre variedades, retenção de frutos e posições dos frutos foi significativa para a altura da planta na colheita final, comprimento do fruto, número de sementes por fruto, peso de cem sementes e produção de sementes por planta e não significativa para a percentagem de emergência no campo, dias para o início da floração e altura da planta aos 30 dias após a sementeira. Em condições de laboratório, não foram encontradas diferenças significativas para os caracteres de qualidade das sementes.

Tabela 4.1: Análise de variância do delineamento experimental (FRBD) para observações de campo no quiabeiro

Fonte de variação	d.f.	Emergência no campo (%)	Dias para o início da floração	Altura da planta aos 30 DAS (cm)	Altura da planta na colheita final (cm)	Comprimento do fruto (cm)	Número de sementes por fruto	Peso de cem sementes (g)	Rendimento de sementes por planta (g)
Replicação	2	466.70	9.29	12.16	52.51	3.45	48.25	1.10	20.59
Variedade (V)	1	13.22	6.08*	14.50*	4259.33*	267.68*	981.95*	27.20*	113.12*
Retenção de frutos (H)	1	256.20	2.68	9.16	939.14*	9.54*	352.19*	19.58*	31.26*
VxH	1	256.06	0.25	2.33	88.11*	6.86*	21.60*	1.06*	21.73*
Posição dos frutos (C)	6	87.28	1.19	0.99	88.02*	19.24*	297.81*	1.62*	204.21*
VxC	6	127.09	0.85	2.78	44.79*	6.53*	47.00*	0.89*	13.03*
HxC	6	233.58	0.76	4.44	58.62*	2.88*	15.26*	0.76*	6.99*
VxHxC	6	105.18	0.47	3.72	42.84*	2.04*	25.01*	0.70*	8.20*
Erro	54	104.53	0.78	2.31	16.39	0.90	5.29	0.26	3.05

*** Significativo ao nível de 5%**

Tabela 4.2: Análise de variância para o projeto experimental (FCRD) para os parâmetros de qualidade das sementes de quiabo

Fonte de variação	d.f.	Germinação de sementes (%)	Comprimento da raiz (cm)	Comprimento do rebento (cm)	Comprimento da plântula (cm)	Peso fresco das plântulas (g)	Peso seco das plântulas (g)	Índice de vigor das plântulas-I	Índice de vigor das plântulas-II	Teor de humidade das sementes (%)
Variedade (V)	1	304.76*	0.034*	0.063*	0.189*	0.0100*	0.00029*	37946.55*	10.98*	0.04
Retenção de frutos	1	61.71*	0.042*	0.122*	0.307*	0.0173*	0.00020*	12723.62*	3.99*	0.39

(H)										
VxH	1	0.43	0.006	0.000	0.009	0.0006	0.00000	259.78	0.04	0.02
Posição dos frutos (C)	6	687.62*	24.515*	22.729*	91.705*	0.4944*	0.01884*	902905.86*	174.63*	0.25
VxC	6	3.18	0.005	0.007	0.006	0.0001	0.00002	1070.08	0.28	0.30
HxC	6	1.30	0.001	0.018	0.027	0.0002	0.00003	230.06	0.19	0.11
VxHxC	6	2.01	0.002	0.002	0.005	0.0003	0.00003	253.08	0.15	0.22
Erro	54	3.05	0.008	0.016	0.029	0.0003	0.00003	519.77	0.19	0.15

*** Significativo ao nível de 5%**

4.2 EFEITO DE VÁRIOS FACTORES E DAS SUAS INTERACÇÕES EM DIFERENTES CARACTERES

4.2.1 Emergência no campo (%)

Os dados relativos à emergência no campo (%) do quiabeiro foram afectados pela posição do fruto e pela carga de retenção do fruto em ambas as variedades e são apresentados no quadro 4.3.

No geral, a percentagem de emergência no campo foi de 86,75 por cento, indicando uma boa percentagem de germinação de sementes, de acordo com as normas mínimas indianas de certificação de sementes. A percentagem de emergência no campo das variedades em V1 (GJO-3) foi de 86,35%, enquanto em V2 (GAO-5) foi de 87,14% e o efeito restante da posição do fruto e da carga de retenção do fruto para a interação foi considerado não significativo.

Tabela 4.3: Efeito da posição do fruto e da carga de retenção do fruto na emergência no campo (%) em variedades de quiabo

	Emergência no campo (%)
V1 - GJO 3	86.35
V2 - GAO 5	87.14
S.Em±	1.58
CD a 5 %	NS
CV %	11.79

4.2.2 Dias para o início da floração

Os dados médios relativos aos dias para o início da floração durante o *verão* de 2018 são apresentados no Quadro 4.4 e representados na Fig. 4.1

Efeito das variedades (V)

A análise de variância e os dados mostram claramente que as variedades diferem significativamente em termos de dias para o início da floração com base no desempenho médio. Verificou-se que a V2 (GAO-5) (42,39 dias) foi significativamente mais precoce do que a V1 (GJO-3) (42,92 dias).

O efeito da posição do fruto, da carga de retenção do fruto e das suas interações não foi significativo.

Tabela 4.4: Efeito da posição do fruto e da carga de retenção do fruto nos dias para o início da floração em variedades de quiabo

	Dias para o início da floração
V1 - GJO 3	42.92
V2 - GAO 5	42.39
S.Em±	0.14

CD a 5 %	0.39
CV %	2.07

4.2.3 Altura da planta aos 30 DAS (cm)

Os dados relativos à altura da planta aos 30 DAS (cm) do quiabeiro foi afetada pela posição do fruto e pela carga de retenção do fruto em ambas as variedades são apresentados no Quadro 4.5 e representados graficamente na Fig. 4.2.

Efeito das variedades (V)

A partir da análise de variância e dos dados, verificou-se claramente que as variedades diferiam significativamente na altura das plantas aos 30 DAS (cm) com base no desempenho médio. Verificou-se que a variedade V1 (GJO-3) (20,97 cm) registou significativamente a maior altura de planta aos 30 DAS do que a variedade V2 (GAO-5) (20,14 cm).

O efeito da posição do fruto, da carga de retenção do fruto e das suas interações não foi significativo.

Quadro 4.5: Efeito da posição do fruto e da carga de retenção do fruto na altura da planta aos 30 DAS (cm) em variedades de quiabo

	Altura da planta aos 30 DAS (cm)
V1 - GJO 3	20.97
V2 - GAO 5	20.14
S.Em±	0.23
CD a 5 %	0.66
CV %	7.39

4.2.4 Altura da planta na colheita final (cm)

Os dados relativos à altura da planta na colheita final (cm) de quiabo foi afetada pela posição do fruto e pela carga de retenção do fruto em ambas as variedades são apresentados no Quadro 4.6.

Efeito das variedades (V)

Independentemente da posição do fruto e da carga de retenção do fruto, as variedades tiveram um efeito significativo na altura da planta na colheita final (cm). A variedade V2 (GAO-5) (104,29 cm) registou comparativamente uma maior altura de planta na colheita final do que a variedade V1 (GJO-3) (90,05 cm).

Efeito da retenção de frutos (H)

A retenção de frutos teve um efeito significativo na altura da planta na colheita final (cm). A retenção de frutos com H1 (retenção de frutos nascidos em diferentes nós para fins de semente) observou comparativamente a altura máxima da planta na colheita final (100,52 cm) sobre H2 (retenção de todos os frutos) (93,83 cm).

Efeito da recolha de sementes em diferentes posições do fruto (C)

A recolha de sementes de diferentes posições do fruto teve um efeito significativo na altura da planta na colheita final (cm). Comparativamente, a altura máxima da planta na colheita final (100,14 cm) foi registada na posição C5 (de frutos nascidos em 1-3 nós e acima de 8th nós), seguida de C3 (de frutos nascidos acima de 8th nós) (99,49 cm), C2 (de frutos nascidos em 1-3 nós) (98,63 cm) e C4 (de frutos nascidos em 1-8 nós) (98,53 cm), todas iguais à posição C5. thA altura mínima da planta na colheita final (92,98 cm) foi registada na posição de fruto C6 (De frutos nascidos em mais de 4 nós). A altura da planta na colheita final (95,78 cm) foi registada na posição C7 (de todos os frutos).

Efeito de interação variedades (V) x retenção de frutos (H)

O efeito de interação das variedades e da retenção de frutos para esta caraterística foi significativo. No entanto, comparativamente, a maior altura da planta na colheita final (106,61 cm) foi registada na V2H1 seguida da V2H2 (101,97 cm), enquanto a altura mínima da planta na colheita final (85,68 cm) foi registada na V1H2.

Efeito de interação variedades (V) x colheita de sementes de diferentes posições do fruto (C)

O efeito de interação das variedades e da recolha de sementes de diferentes posições do fruto para esta caraterística foi significativo. No entanto, comparativamente, a altura máxima da planta na colheita final (110,53 cm) foi registada na V2C5, seguida da V2C3 (106,30 cm), que está a par da V2C5, enquanto a altura mínima da planta na colheita final (86,51 cm) foi registada na V1C7.

Efeito de interação retenção de frutos (H) x recolha de sementes de diferentes posições do fruto (C)

O efeito da interação retenção de frutos x coleta de sementes de diferentes posições de frutos para essa caraterística foi significativo. No entanto, comparativamente, a altura máxima da planta na colheita final (103,82 cm) foi registada em H1C4, seguida de H1C3 (102,91 cm), H1C2 (101,40 cm), H2C5 (101,30 cm), H1C1 (100,07 cm) e H1C7 (99,31 cm), todas iguais a H1C4, enquanto a altura mínima da planta na colheita final (88,84 cm) foi registada em H2C6.

Efeito de interação variedades (V) x retenção de frutos (H) x recolha de sementes de diferentes posições dos frutos (C)

O efeito da interação variedades x retenção de frutos x recolha de sementes de diferentes posições de frutos para esta caraterística foi significativo. No entanto, comparativamente, a altura máxima da planta na colheita final (116,27 cm) foi registada na T26 (V2H2C5), seguida da T18 (V2H1C4) (110,70 cm), que estavam a par da T26, enquanto a altura mínima da planta na colheita final (81,39 cm) foi registada na T8 (V1H2C1).

4.2.5 Comprimento do fruto (cm)

O efeito da posição do fruto e da carga de retenção do fruto no comprimento do fruto (cm) do quiabeiro durante a experimentação (*verão* de 2018) é apresentado na Tabela 4.6.

Efeito das variedades (V)

Independentemente da posição do fruto e da carga de retenção do fruto, as variedades tiveram um efeito significativo no comprimento do fruto (cm). A variedade V2 (GAO-5) apresentou um comprimento de fruto significativamente maior (16,53 cm) do que a variedade V1 (GJO-3) (12,96 cm).

Efeito da retenção de frutos (H)

A retenção de frutos teve um efeito significativo no comprimento dos frutos (cm). A carga de retenção de frutos H1 (retenção de frutos nascidos em nós diferentes para fins de semente) registou um comprimento de fruto significativamente maior (15,08 cm) do que H2 (retenção de todos os frutos) (14,41 cm).

Efeito da recolha de sementes em diferentes posições do fruto (C)

A recolha de sementes de diferentes posições do fruto teve um efeito significativo no comprimento do fruto (cm). As posições do fruto conduziram a um comprimento de fruto significativamente mais elevado (16,27 cm) na posição C1 (de frutos nascidos em 1-3 nós), seguida de C2 (de frutos nascidos em 4-8 nós) (15,85 cm), que estavam ao mesmo nível que C1. O comprimento de fruto significativamente mais baixo (12,68 cm) foi registado na posição C7 (de todos os frutos) do fruto.

Efeito de interação variedades (V) x retenção de frutos (H)

O efeito de interação das variedades e da retenção de frutos para esta caraterística foi significativo. No entanto, comparativamente, o maior comprimento de fruto (17,16 cm) foi registado em V2H1 seguido de V2H2 (15,91 cm), enquanto o comprimento mínimo de fruto (12,91 cm) foi registado em V1H2.

Efeito de interação variedades (V) x colheita de sementes de diferentes posições do fruto (C)

O efeito de interação das variedades e da recolha de sementes de diferentes posições do fruto para esta caraterística foi significativo. No entanto, comparativamente, o maior comprimento de fruto (18,49 cm) foi registado na V2C1, seguido da V2C2 (18,16 cm) e da V2C6 (17,97 cm), que estão a par da V2C1, enquanto o menor comprimento de fruto (11,93 cm) foi registado na V1C7.

Efeito de interação retenção de frutos (H) x colheita de sementes de diferentes posições do fruto (C)

O efeito de interação da retenção de frutos x recolha de sementes de diferentes posições de frutos para esta caraterística foi significativo. No entanto, comparativamente, o maior comprimento de fruto (16,54 cm) foi registado em H2C1, seguido de H1C4 (16,10 cm), H1C1 (16,00 cm), H2C2 (15,98 cm), H1C2 (15,72 cm) e H1C6 (15,54 cm), todos iguais a H2C1, enquanto o menor comprimento de fruto (11,63 cm) foi registado em H2C7.

Efeito de interação variedades (V) x retenção de frutos (H) x recolha de sementes de diferentes posições dos frutos (C)

O efeito da interação variedades x retenção de frutos x recolha de sementes de diferentes posições dos frutos para esta caraterística foi significativo. No entanto, comparativamente, o comprimento máximo do fruto (19,03 cm) foi observado em T18 (V2H1C4) seguido por T22 (V2H2C1) (18,77 cm), T15 (V2H1C1) (18,20 cm), T16 (V2H1C2) (18,18 cm), T23 (V2H2C2) (18.13 cm), T20 (V2H1C6) (18,07 cm) e T27 (V2H2C6) (17,87cm), todos iguais ao T18, enquanto o comprimento mais baixo do fruto (11,63 cm) foi registado em T14 (V1H2C7) e T28 (V2H2C7).

4.2.6 Número de sementes por fruto

O número de sementes por fruto foi altamente afetado pela posição do fruto e pela carga de retenção do fruto no número de sementes por fruto do quiabeiro. Os resultados foram apresentados no Quadro 4.6.

Efeito das variedades (V)

O número máximo de sementes por fruto foi observado na variedade V1 (GJO-3) (50,10) e foi significativamente maior do que na variedade V2 (GAO-5) (43,26).

Efeito da retenção de frutos (H)

Verificou-se que a retenção de frutos tem um efeito significativo no número de sementes por fruto. A carga de retenção de frutos H1 (retenção de frutos nascidos em nós diferentes para fins de semente) registou um número significativamente máximo de sementes por fruto (48,73) em relação a H2 (retenção de todos os frutos) (44,64).

Efeito da recolha de sementes em diferentes posições do fruto (C)

O número de sementes por fruto foi significativamente afetado pela recolha de sementes de diferentes posições do fruto. As posições dos frutos conduziram a uma diferença significativa na colheita do número máximo de sementes por fruto (51,81) na posição C1 (frutos nascidos em 13 nós), seguida da posição C4 (frutos nascidos em 1-8 nós) (50,95) e C2 (frutos nascidos em 4-8 nós) (50,60), que estavam ao mesmo nível da posição C1. Um número significativamente mínimo de sementes por fruto (37,96) foi colhido na posição C3 (frutos nascidos acima de 8th nós) do fruto.

Efeito de interação variedades (V) x retenção de frutos (H)

O efeito de interação entre variedades e retenção de frutos para esta caraterística foi considerado significativo. No entanto, comparativamente, o número máximo de sementes por fruto (51,64) foi registado em V1H1 seguido de V1H2 (48,56), enquanto que significativamente o número mínimo de sementes por fruto (40,71) foi registado em V2H2.

Efeito de interação variedades (V) x colheita de sementes de diferentes posições do fruto (C)

O efeito de interação entre as variedades e a recolha de sementes de diferentes posições do fruto para esta caraterística foi considerado significativo. No entanto, comparativamente, o número máximo de sementes por fruto (57,57) foi observado em V1C1, seguido por V1C4 (56,32) e V1C2 (55,70), que estavam a par com V1C1, enquanto o número mínimo de sementes por fruto (34,68) foi registado em V2C3, ou seja, na variedade 2 (GAO-5) com sementes colhidas acima do 8th nó.

Efeito de interação retenção de frutos (H) x recolha de sementes de diferentes posições do fruto (C)

O efeito da interação retenção de frutos x coleta de sementes de diferentes posições de frutos para esta caraterística foi significativo. No entanto, comparativamente, o número máximo de sementes por fruto (53,93) foi colhido em H1C4, seguido por H1C1 (53,47) e H1C2 (52,00), que estavam no mesmo nível de H1C4, enquanto o número mínimo de sementes por fruto (34,45) foi colhido em H2C3.

Efeito de interação variedades (V) x retenção de frutos (H) x recolha de sementes de diferentes posições dos frutos (C)

O efeito da interação variedades x retenção de frutos x coleta de sementes de diferentes posições de frutos para esta caraterística foi significativo. No entanto, comparativamente, o número máximo de sementes por fruto (59,27) foi observado em T1 (V1H1C1), seguido por T4 (V1H1C4) (57,87) e T2 (V1H1C2) (55,93), que estavam a par com T1, enquanto o número mínimo de sementes por fruto (31,57) foi registado em T24 (V2H2C3).

4.2.7 Peso de cem sementes (g)

O efeito da posição do fruto e da carga de retenção do fruto no peso de cem sementes (g) de quiabo durante o experimento (*verão* de 2018) foi apresentado na Tabela 4.6.

Efeito das variedades (V)

Independentemente da posição do fruto e da carga de retenção do fruto, as variedades tiveram um efeito significativo no peso das sementes (g). A variedade V1 (GJO-3) apresentou um peso de cem sementes significativamente mais elevado (6,47 g) do que a variedade V2 (GAO-5) (5,33 g).

Tabela 4.6: Efeito da posição do fruto e da carga de retenção do fruto na altura da planta na colheita final (cm), comprimento do fruto (cm), número de sementes por fruto, peso de cem sementes (g) e rendimento de sementes por planta (g) em variedades de quiabo

Tratamento	Altura da planta na colheita final (cm)	Comprimento do fruto (cm)	Número de sementes por fruto	Peso de cem sementes (g)	Rendimento de sementes por planta (g)
Variedades (V)					
V1	90.05	12.96	50.10	6.47	15.67
V2	104.29	16.53	43.26	5.33	13.35
S. Em±	0.62	0.15	0.35	0.08	0.27
CD a 5 %	1.77	0.41	1.01	0.22	0.76
Retenção de frutos (H)					
H1	100.52	15.08	48.73	6.38	15.12
H2	93.83	14.41	44.64	5.42	13.90
S. Em±	0.62	0.15	0.35	0.08	0.27
CD a 5 %	1.77	0.41	1.01	0.22	0.76
Recolha de sementes de diferentes posições do fruto (C)					
C1	94.66	16.27	51.81	6.35	12.17
C2	98.63	15.85	50.60	6.07	12.49
C3	99.49	14.24	37.96	5.19	9.74
C4	98.53	15.27	50.95	6.14	18.43
C5	100.14	13.71	46.79	5.91	12.25
C6	92.98	15.22	43.35	5.82	14.96
C7	95.78	12.68	45.33	5.83	21.52
S. Em±	1.17	0.27	0.66	0.15	0.50
CD a 5 %	3.31	0.78	1.88	0.42	1.43
Variedades (V) x Retenção de frutos (H)					
V1H1	94.42	13.01	51.46	7.06	16.79
V1H2	85.68	12.91	48.56	5.87	14.55
V2H1	106.61	17.16	45.82	5.70	13.45
V2H2	101.97	15.91	40.71	4.96	13.25
S. Em±	0.88	0.21	0.50	0.11	0.38
CD a 5 %	2.50	0.59	1.42	0.31	1.08
Variedades (V) x Recolha de sementes de diferentes posições dos frutos (C)					
V1C1	88.27	14.05	57.57	7.19	12.44
V1C2	93.07	13.55	55.70	6.92	12.99
V1C3	92.68	12.72	41.23	5.48	10.22

V1C4	92.71	13.27	56.32	6.89	20.63
V1C5	89.75	12.75	48.48	6.59	12.79
V1C6	87.38	12.47	44.80	6.13	16.12
V1C7	86.51	11.93	46.62	6.08	24.51
V2C1	101.06	18.49	46.05	5.50	11.89
V2C2	104.20	18.16	45.50	5.21	12.00
V2C3	106.30	15.75	34.68	4.89	9.26
V2C4	104.35	17.27	45.58	5.39	16.24
V2C5	110.53	14.67	45.10	5.23	11.71
V2C6	98.57	17.97	41.90	5.51	13.81
V2C7	105.05	13.43	44.03	5.59	18.52
S. Em±	1.65	0.39	0.94	0.21	0.71
CD a 5 %	4.69	1.10	2.66	0.59	2.02
Retenção de frutos (H) x Recolha de sementes de diferentes posições do fruto (C)					
H1C1	100.07	16.00	53.47	7.13	12.14
H1C2	101.40	15.72	52.00	6.87	12.46
H1C3	102.91	14.31	41.47	5.43	9.78
H1C4	103.82	16.10	53.93	6.78	20.30
H1C5	98.98	14.19	46.90	6.27	12.61
H1C6	97.11	15.54	45.93	6.06	15.60
H1C7	99.31	13.74	47.42	6.14	22.97
H2C1	89.26	16.54	50.15	5.57	12.19
H2C2	95.86	15.98	49.20	5.26	12.53
H2C3	96.06	14.17	34.45	4.94	9.70
H2C4	93.25	14.43	47.97	5.50	16.57
H2C5	101.30	13.23	46.68	5.55	11.90
H2C6	88.84	14.90	40.77	5.58	14.33
H2C7	92.24	11.63	43.23	5.52	20.07
S. Em±	1.65	0.39	0.94	0.21	0.71
CD a 5 %	4.69	1.10	2.66	0.59	2.02
Variedades (V) x Retenção de frutos (H) x Recolha de sementes de diferentes posições dos frutos (C)					
T1 = V1H1C1	95.15	13.79	59.27	8.04	13.35
T2 = V1H1C2	96.41	13.26	55.93	7.97	13.11
T3 = V1H1C3	97.73	12.63	45.13	5.37	10.18
T4 = V1H1C4	96.93	13.17	57.87	7.59	24.67
T5=V1H1C5	93.17	13.00	48.20	7.37	12.91
T6 = V1H1C6	90.63	13.01	49.13	6.60	16.92
T7 = V1H1C7	90.93	12.23	45.97	6.52	26.37
T8 = V1H2C1	81.39	14.30	55.87	6.35	11.53
T9 = V1H2C2	89.73	13.83	55.47	5.87	12.86
T10 = V1H2C3	87.63	12.82	37.33	5.60	10.26
T11 = V1H2C4	88.49	13.36	54.77	6.19	16.58
T12 = V1H2C5	86.33	12.50	48.77	5.82	12.67
T13 = V1H2C6	84.13	11.93	40.47	5.67	15.31
T14 = V1H2C7	82.08	11.63	47.27	5.64	22.65
T15 = V2H1C1	105.00	18.20	47.67	6.22	10.93
T16= V2H1C2	106.40	18.18	48.07	5.77	11.80
T17 = V2H1C3	108.10	15.99	37.80	5.49	9.37
T18 = V2H1C4	110.70	19.03	50.00	5.97	15.92
T19 = V2H1C5	104.80	15.38	45.60	5.16	12.31
T20 = V2H1C6	103.60	18.07	42.73	5.53	14.27
T21 = V2H1C7	107.69	15.24	48.87	5.77	19.56
T22 = V2H2C1	97.12	18.77	44.43	4.78	12.86

T23 = V2H2C2	101.99	18.13	42.93	4.66	12.20
T24 = V2H2C3	104.49	15.51	31.57	4.29	9.15
T25 = V2H2C4	98.00	15.50	41.17	4.81	16.55
T26=V2H2C5	116.27	13.95	44.60	5.29	11.12
T27=V2H2C6	93.54	17.87	41.07	5.48	13.36
T28 = V2H2C7	102.41	11.63	39.20	5.41	17.49
Média	97.17	14.75	46.68	5.90	14.51
S. Em±	2.34	0.55	1.33	0.29	1.01
CD a 5 %	6.63	1.55	3.76	0.83	2.86
CV %	4.17	6.42	4.93	8.61	12.04

Efeito da retenção de frutos (H)

A carga de retenção de frutos apresentou diferenças significativas no peso das sementes. Foi registado um peso significativamente mais elevado de cem sementes em H1 (retenção de frutos nascidos em nós diferentes para fins de semente) (6,38 g) em relação a H2 (retenção de todos os frutos) (5,42 g).

Efeito da recolha de sementes em diferentes posições do fruto (C)

Foram registadas diferenças significativas no peso das sementes devido à posição do fruto. A posição do fruto C1 (de frutos nascidos em 1-3 nós) registou um peso de cem sementes significativamente mais elevado (6,35 g), seguido de C4 (de frutos nascidos em 1-8 nós) (6,14 g) e C2 (de frutos nascidos em 4-8 nós) (6,07 g), ambos a par de C1. Significativamente, o peso mais baixo de cem sementes (5,19 g) foi observado na posição C3 (De frutos nascidos acima de 8th nós) do fruto.

Efeito de interação variedades (V) x retenção de frutos (H)

O efeito de interação entre variedades e retenção de frutos para esta caraterística foi considerado significativo. No entanto, comparativamente, o maior peso de cem sementes (7,06 g) foi registado em V1H1 seguido de V1H2 (5,87 g), enquanto o menor peso de cem sementes (4,96 g) foi observado em V2H2.

Efeito de interação variedades (V) x colheita de sementes de diferentes posições do fruto (C)

O efeito de interação das variedades e da recolha de sementes de diferentes posições do fruto para esta caraterística foi considerado significativo. Em comparação, o maior peso de cem sementes (7,19 g) foi observado em V1C1, seguido por V1C2 (6,92 g) e V1C4 (6,89 g), que estavam a par com V1C1, enquanto o menor peso de cem sementes (4,89 g) foi observado em V2C3.

Efeito de interação retenção de frutos (H) x recolha de sementes de diferentes posições do fruto (C)

O efeito de interação da retenção de frutos x recolha de sementes de diferentes posições de frutos para esta caraterística foi significativo. No entanto, comparativamente, o maior peso de cem sementes (7,13 g) foi registado em H1C1, seguido de H1C2 (6,87 g) e H1C4 (6,78 g), que estavam a par de H1C1, enquanto o menor peso de cem sementes (4,94 g) foi registado em H2C3.

Efeito de interação variedades (V) x retenção de frutos (H) x recolha de sementes de diferentes posições dos frutos (C)

O efeito da interação variedades x retenção de frutos x recolha de sementes de diferentes posições de frutos para esta caraterística foi significativo. No entanto, comparativamente, o maior peso de cem sementes (8,04 g) foi registado em T1 (V1H1C1) seguido por T2 (V1H1C2) (7,97 g), T4 (V1H1C4) (7,59 g) e T5 (V1H1C5) (7,37 g) que estavam todos a par com T1, enquanto o menor peso de cem sementes (4,29 g) foi observado em T24 (V2H2C3).

4.2.8 Rendimento de sementes por planta (g)

A produção de sementes por planta (g) afetada pela posição do fruto e pela carga de retenção do fruto do quiabeiro durante a experiência é apresentada no Quadro 4.6.

Efeito das variedades (V)

Independentemente da posição do fruto e da carga de retenção do fruto, as variedades exerceram um efeito significativo na produção de sementes por planta (g). A variedade V1 (GJO-3) deu uma produção de sementes por planta significativamente maior (15,67 g) do que a variedade V2 (GAO-5)

(13,35 g).

Efeito da retenção de frutos (H)

A carga de retenção de frutos apresentou diferenças significativas na produção de sementes por planta (g). A produção de sementes por planta (g) significativamente mais elevada foi registada em H1 (retenção de frutos nascidos em nós diferentes para fins de sementes) (15,12 g) do que em H2 (retenção de todos os frutos) (13,90 g).

Efeito da recolha de sementes em diferentes posições do fruto (C)

A posição dos frutos exerceu um efeito significativo na produção de sementes por planta (g). A posição do fruto C7 (de todos os frutos) registou uma produção de sementes por planta significativamente mais elevada (21,52 g), seguida de C4 (de frutos com 1-8 nós) (18,43 g), C6 (de frutos com mais de 4th nós) (14,96 g), C2 (de frutos com 4-8 nós) (12,49 g), C5 (de frutos com 1-3 nós e mais de 8th nós) (12,25 g) e C1 (de frutos com 1-3 nós) (12,17 g). A menor produção de sementes por planta (9,74 g) foi registada na posição C3 (de frutos nascidos acima do 8th nó) do fruto.

Efeito de interação variedades (V) x retenção de frutos (H)

O efeito de interação entre variedades e retenção de frutos para esta caraterística foi considerado significativo. No entanto, comparativamente, a maior produção de sementes por planta (16,79 g) foi registada na V1H1 seguida da V1H2 (14,55 g), enquanto a menor produção de sementes por planta (13,25 g) foi registada na V2H2.

Efeito de interação variedades (V) x colheita de sementes de diferentes posições do fruto (C)

O efeito de interação entre as variedades e a recolha de sementes de diferentes posições do fruto para esta caraterística foi considerado significativo. No entanto, comparativamente, a maior produção de sementes por planta (24,51 g) foi registada na V1C7, seguida da V1C4 (20,63 g) e da V2C7 (18,52 g), enquanto a menor produção de sementes por planta (9,26 g) foi registada na V2C3.

Efeito de interação retenção de frutos (H) x recolha de sementes de diferentes posições do fruto (C)

O efeito de interação da retenção de frutos x recolha de sementes de diferentes posições de frutos para esta caraterística foi significativo. No entanto, comparativamente, a maior produção de sementes por planta (22,97 g) foi registada em H1C7, seguida de H1C4 (20,30 g) e H2C7 (20,07 g), enquanto a menor produção de sementes por planta (9,70 g) foi registada em H2C3.

Efeito de interação variedades (V) x retenção de frutos (H) x recolha de sementes de diferentes posições dos frutos (C)

O efeito da interação variedades x retenção de frutos x recolha de sementes de diferentes posições de frutos para esta caraterística foi significativo. No entanto, comparativamente, a maior produção de sementes por planta (26,37 g) foi registada em T7 (V1H1C7), seguida de T4 (V1H1C4) (24,67 g), que é igual a T7. Enquanto que a menor produção de sementes por planta (9,15 g) foi registada em T24 (V2H2C3).

4.2.9 Percentagem de germinação das sementes

Os dados sobre a percentagem de germinação de sementes de quiabo foi influenciada pela posição do fruto e pela carga de retenção do fruto) são apresentados no Quadro 4.7.

Efeito das variedades (V)

Independentemente da posição dos frutos e da carga de retenção dos frutos, as variedades exerceram um efeito significativo na percentagem de germinação das sementes. A variedade V1 (GJO-3) apresentou uma percentagem de germinação de sementes significativamente mais elevada (78,50 %) do que a variedade V2 (GAO-5) (74,68 %).

Efeito da retenção de frutos (H)

A carga de retenção de frutos registou diferenças significativas na percentagem de germinação de sementes. Foi registada uma percentagem de germinação de sementes significativamente mais elevada em H1 (retenção de frutos nascidos em nós diferentes para fins de semente) (77,45 %) do que em H2 (retenção de todos os frutos) (75,73 %).

Efeito da recolha de sementes em diferentes posições do fruto (C)

A percentagem de germinação das sementes foi significativamente afetada pela posição dos frutos. A posição C1 (frutos com 1-3 nós) registou uma percentagem de germinação de sementes significativamente mais elevada (84,83 %), seguida da C2 (frutos com 4-8 nós) (82,67 %) e da C4 (frutos com 1-8 nós) (83,83 %), que foi igual à C1. A menor percentagem de germinação de sementes (64,08 %) foi observada na posição C3 (frutos nascidos acima de 8th nós) do fruto.

Efeito de interação variedades (V) x retenção de frutos (H)

O efeito de interação das variedades e da retenção de frutos na percentagem de germinação das sementes não foi significativo. Em comparação, a percentagem máxima de germinação de sementes (79,29 %) foi registada em V1H1, seguida de V1H2 (77,71 %), enquanto a percentagem mínima de germinação de sementes (73,75 %) foi observada em V2H2.

Efeito de interação variedades (V) x colheita de sementes de diferentes posições do fruto (C)

O efeito de interação das variedades e da colheita de sementes de diferentes posições do fruto na percentagem de germinação das sementes não foi significativo. No entanto, comparativamente, a maior percentagem de germinação de sementes (86,50 %) foi registada em V1C1, seguida de V1C4 (86,00 %) e V1C2 (85,50 %), enquanto a menor percentagem de germinação de sementes (62,00 %) foi observada em V2C3.

Efeito de interação retenção de frutos (H) x recolha de sementes de diferentes posições do fruto (C)

O efeito da interação retenção de frutos x coleta de sementes de diferentes posições de frutos na porcentagem de germinação de sementes foi observado como não significativo. Em comparação, a percentagem máxima de germinação de sementes (86,00 %) foi registada em H1C1, seguida de H1C4 (84,50 %) e H1C2 (84,00 %), enquanto a percentagem mínima de germinação de sementes (63,00 %) foi observada em H2C3.

Efeito de interação variedades (V) x retenção de frutos (H) x recolha de sementes de diferentes posições dos frutos (C)

O efeito da interação variedades x retenção de frutos x recolha de sementes de diferentes posições de frutos na percentagem de germinação de sementes não foi significativo. No entanto, comparativamente, a maior porcentagem de germinação de sementes (87,33 %) foi observada por T1 (V1H1C1) seguido por T4 (V1H1C4) (86,67 %) e T2 (V1H1C2) (86,00 %), enquanto a menor porcentagem de germinação de sementes (61,00 %) foi observada por T24 (V2H2C3).

4.2.10 Comprimento da raiz (cm)

Os dados sobre o comprimento da raiz (cm) do quiabeiro influenciado pela posição do fruto e pela carga de retenção do fruto são apresentados no Quadro 4.7.

Efeito das variedades (V)

A variedade teve um efeito significativo no comprimento da raiz (cm) devido à posição do fruto e à carga de retenção do fruto. A variedade V1 (GJO-3) obteve um comprimento de raiz significativamente maior (3,52 cm) do que a variedade V2 (GAO-5) (3,49 cm).

Efeito da retenção de frutos (H)

A carga de retenção de frutos registou diferenças significativas no comprimento da raiz (cm). Foi registado um comprimento de raiz significativamente máximo em H1 (retenção de frutos em nós diferentes para fins de semente) (3,52 cm) em relação a H2 (retenção de todos os frutos) (3,49 cm).

Efeito da recolha de sementes em diferentes posições do fruto (C)

O comprimento da raiz (cm) foi significativamente afetado pela posição dos frutos. A posição do fruto C1 (De frutos nascidos em 1-3 nós) registou um comprimento de raiz significativamente máximo (4,92 cm), seguido de C2 (De frutos nascidos em 4-8 nós) (4,84 cm) e C4 (De frutos nascidos em 1-8 nós) (4,87 cm) foi igual a C1. Significativamente, o comprimento mínimo da raiz (1,58 cm) foi observado na posição do fruto C3 (de frutos nascidos acima de 8th nós).

Efeito de interação variedades (V) x retenção de frutos (H)

O efeito de interação das variedades e da retenção de frutos no comprimento da raiz (cm) não foi significativo. No entanto, comparativamente, o comprimento máximo da raiz (3,53 cm) foi registado em V1H1 seguido de V2H1 (3,51 cm), enquanto o comprimento mínimo da raiz (3,48 cm) foi observado em V2H2.

Efeito de interação variedades (V) x colheita de sementes de diferentes posições do fruto (C)

O efeito de interação das variedades e da recolha de sementes de diferentes posições do fruto no comprimento da raiz (cm) não foi significativo. Em comparação, o comprimento máximo da raiz (4,94 cm) foi observado em V1C1 seguido por V2C1, V1C2, e V1C4 (4,90 cm) e V2C4 (4,83 cm), enquanto o comprimento mínimo da raiz (1,57 cm) foi observado em V2C3.

Efeito de interação retenção de frutos (H) x recolha de sementes de diferentes posições do fruto (C)

O efeito de interação da retenção de frutos x recolha de sementes de diferentes posições de frutos no comprimento da raiz (cm) não foi significativo. No entanto, comparativamente, o comprimento máximo da raiz (4,94 cm) foi observado em H1C1 seguido de H2C1 (4,90 cm) e H1C4 (4,88 cm), enquanto o comprimento mínimo da raiz (1,54 cm) foi registado em H2C3.

Efeito de interação variedades (V) x retenção de frutos (H) x recolha de sementes de diferentes posições dos frutos (C)

O efeito de interação das variedades x retenção de frutos x recolha de sementes de diferentes posições de frutos no comprimento da raiz (cm) foi considerado não significativo. No entanto, comparativamente, o comprimento máximo da raiz (4,94 cm) foi registado em T1 (V1H1C1) seguido por T8 (V1H2C1), T15 (V2H1C1) (4,93 cm) e T2 (V1H1C2) e T4 (V1H1C4) (4,92 cm), enquanto o comprimento mínimo da raiz (1,51 cm) foi observado em T24 (V2H2C3).

4.2.11 Comprimento do rebento (cm)

Os dados sobre o comprimento do rebento (cm) do quiabeiro foi influenciado pela posição do fruto e pela carga de retenção do fruto durante a experimentação (*verão* de 2018) são apresentados na Tabela 4.7.

Tabela 4.7: Efeito da posição do fruto e da carga de retenção do fruto na germinação das sementes (%), comprimento da raiz (cm), comprimento do rebento (cm) e comprimento da plântula (cm) em variedades de quiabo

Tratamento	Germinação de sementes (%)	Comprimento da raiz (cm)	Comprimento do rebento (cm)	Comprimento da plântula (cm)
Variedades (V)				
V1	78.50	3.52	5.57	9.09
V2	74.68	3.49	5.49	8.99
S. Em±	0.27	0.01	0.02	0.03
CD a 5 %	0.76	0.04	0.05	0.07
Retenção de frutos (H)				
H1	77.45	3.52	5.58	9.10
H2	75.73	3.49	5.48	8.97
S. Em±	0.27	0.01	0.02	0.03
CD a 5 %	0.76	0.04	0.05	0.07
Recolha de sementes de diferentes posições do fruto (C)				
C1	84.83	4.92	6.86	11.78
C2	82.67	4.84	6.83	11.67
C3	64.08	1.58	3.20	4.78
C4	83.83	4.87	6.84	11.71
C5	73.50	2.43	5.00	7.43
C6	72.42	2.20	4.99	7.19
C7	74.83	3.66	5.10	8.75
S. Em±	0.50	0.03	0.04	0.05
CD a 5 %	1.43	0.07	0.10	0.14

Variedades (V) x Retenção de frutos (H)				
V1H1	79.29	3.53	5.61	9.14
V1H2	77.71	3.50	5.54	9.04
V2H1	75.62	3.51	5.56	9.07
V2H2	73.75	3.48	5.43	8.90
S. Em±	0.38	0.02	0.03	0.04
CD a 5 %	NS	NS	NS	NS
Variedades (V) x Recolha de sementes de diferentes posições dos frutos (C)				
V1C1	86.50	4.94	6.86	11.80
V1C2	85.50	4.90	6.84	11.74
V1C3	66.17	1.58	3.24	4.82
V1C4	86.00	4.90	6.85	11.75
V1C5	75.33	2.45	5.07	7.52
V1C6	73.83	2.20	5.02	7.22
V1C7	76.17	3.66	5.14	8.80
V2C1	83.17	4.90	6.86	11.76
V2C2	79.83	4.79	6.82	11.61
V2C3	62.00	1.57	3.17	4.74
V2C4	81.67	4.83	6.84	11.67
V2C5	71.67	2.41	4.93	7.34
V2C6	71.00	2.20	4.96	7.16
V2C7	73.50	3.65	5.05	8.70
S. Em±	0.71	0.04	0.05	0.07
CD a 5 %	NS	NS	NS	NS
Retenção de frutos (H) x Recolha de sementes de diferentes posições do fruto (C)				
H1C1	86.00	4.94	6.87	11.80
H1C2	84.00	4.87	6.85	11.72
H1C3	65.17	1.61	3.31	4.92
H1C4	84.50	4.88	6.85	11.73
H1C5	74.17	2.46	5.07	7.53
H1C6	73.00	2.21	5.01	7.22
H1C7	75.33	3.68	5.14	8.81
H2C1	83.67	4.90	6.86	11.76
H2C2	81.33	4.82	6.82	11.63
H2C3	63.00	1.54	3.10	4.64
H2C4	83.17	4.86	6.84	11.69
H2C5	72.83	2.39	4.93	7.32
H2C6	71.83	2.19	4.97	7.16
H2C7	74.33	3.64	5.06	8.69
S. Em±	0.71	0.04	0.05	0.07
CD a 5 %	NS	NS	NS	NS
Variedades (V) x Retenção de frutos (H) x Recolha de sementes de diferentes posições dos frutos (C)				
T1 = V1H1C1	87.33	4.94	6.86	11.80
T2=V1H1C2	86.00	4.92	6.86	11.77
T3 = V1H1C3	67.33	1.59	3.33	4.92
T4 = V1H1C4	86.67	4.92	6.86	11.78
T5=V1H1C5	76.33	2.47	5.12	7.59
T6 = V1H1C6	74.33	2.22	5.03	7.25
T7 = V1H1C7	77.00	3.67	5.20	8.87
T8 = V1H2C1	85.67	4.93	6.86	11.79
T9 = V1H2C2	85.00	4.88	6.82	11.70
T10 = V1H2C3	65.00	1.57	3.14	4.71

T11 = V1H2C4	85.33	4.89	6.84	11.73
T12 = V1H2C5	74.33	2.43	5.01	7.44
T13 = V1H2C6	73.33	2.18	5.01	7.19
T14 = V1H2C7	75.33	3.65	5.08	8.73
T15 = V2H1C1	84.67	4.93	6.87	11.80
T16= V2H1C2	82.00	4.83	6.83	11.66
T17 = V2H1C3	63.00	1.63	3.29	4.92
T18 = V2H1C4	82.33	4.83	6.84	11.67
T19 = V2H1C5	72.00	2.45	5.02	7.47
T20 = V2H1C6	71.67	2.20	4.99	7.19
T21 = V2H1C7	73.67	3.68	5.07	8.75
T22 = V2H2C1	81.67	4.87	6.85	11.72
T23 = V2H2C2	77.67	4.75	6.81	11.57
T24 = V2H2C3	61.00	1.51	3.05	4.56
T25 = V2H2C4	81.00	4.82	6.84	11.66
T26=V2H2C5	71.33	2.36	4.84	7.20
T27=V2H2C6	70.33	2.19	4.93	7.12
T28 = V2H2C7	73.33	3.62	5.04	8.66
Média	76.60	3.50	5.55	9.04
S. Em±	1.01	0.05	0.07	0.10
CD a 5 %	NS	NS	NS	NS
CV %	2.28	2.61	2.26	1.88

Efeito das variedades (V)

Independentemente da posição do fruto e da carga de retenção do fruto, as variedades exerceram um efeito significativo no comprimento do rebento (cm). A variedade V1 (GJO-3) registou um comprimento de rebento significativamente máximo (5,57 cm) em relação à variedade V2 (GAO-5) (5,49 cm).

Efeito da retenção de frutos (H)

A carga de retenção de frutos registou diferenças significativas no comprimento do rebento (cm). O comprimento máximo do rebento foi registado em H1 (retenção de frutos em nós diferentes para fins de semente) (5,58 cm) do que em H2 (retenção de todos os frutos) (5,48 cm).

Efeito da recolha de sementes em diferentes posições do fruto (C)

O comprimento do rebento (cm) foi significativamente afetado pela posição dos frutos. A posição do fruto C1 (De frutos nascidos em 1-3 nós) observou um comprimento de rebento significativamente máximo (6,86 cm) seguido de C4 (De frutos nascidos em 1-8 nós) (6,84 cm) e C2 (De frutos nascidos em 4-8 nós) (6,82 cm), ambos a par de C1. Significativamente, o comprimento mínimo de rebento (3,20 cm) foi registado na posição C3 (De frutos nascidos acima de 8th nós) do fruto.

Efeito de interação variedades (V) x retenção de frutos (H)

O efeito de interação das variedades e da retenção de frutos no comprimento dos rebentos (cm) não foi significativo. No entanto, comparativamente, o comprimento máximo do rebento (5,61 cm) foi registado em V1H1 seguido de V2H1 (5,56 cm), enquanto o comprimento mínimo do rebento (5,43 cm) foi observado em V2H2.

Efeito de interação variedades (V) x colheita de sementes de diferentes posições do fruto (C)

O efeito de interação das variedades e da recolha de sementes de diferentes posições do fruto no comprimento do rebento (cm) não foi significativo. Em comparação, o comprimento máximo do rebento (6,86 cm) foi registado em V1C1 e V2C1, seguido de V1C4 (6,85 cm) e V1C2 (6,84 cm), enquanto o comprimento mínimo do rebento (3,17 cm) foi observado em V2C3.

Efeito de interação retenção de frutos (H) x recolha de sementes de diferentes posições do fruto (C)

O efeito de interação da retenção de frutos x recolha de sementes de diferentes posições de frutos no comprimento do rebento (cm) não foi significativo. No entanto, comparativamente, o comprimento máximo do rebento (6,87 cm) foi observado em H1C1 seguido de H2C1 (6,86 cm) e H1C4, H1C2 (6,85 cm), enquanto o comprimento mínimo do rebento (3,10 cm) foi registado em H2C3.

Efeito de interação variedades (V) x retenção de frutos (H) x recolha de sementes de diferentes posições dos frutos (C)

O efeito da interação variedades x retenção de frutos x recolha de sementes de diferentes posições de frutos no comprimento do rebento (cm) foi considerado não significativo. O comprimento máximo de rebento (6,87 cm) foi registado em T15 (V2H1C1) seguido de T1 (V1H1C1), T2 (V1H1C2), T4 (V1H1C4) e T8 (V1H2C1) (6,86 cm) e T22 (V2H2C1) (6,85 cm), enquanto que o comprimento mínimo de rebento (3,05 cm) foi observado em T24 (V2H2C3).

4.2.12 Comprimento das plântulas (cm)

O comprimento da plântula (cm) de quiabo foi influenciado pela posição do fruto e pela carga de retenção do fruto são apresentados no Quadro 4.7.

Efeito das variedades (V)

Independentemente da posição dos frutos e da carga de retenção dos frutos, as variedades registaram um efeito significativo no comprimento das plântulas (cm). A variedade V1 (GJO-3) registou um comprimento de plântula significativamente máximo (9,09 cm) do que a variedade V2 (GAO-5) (8,99 cm).

Efeito da retenção de frutos (H)

Foram encontradas diferenças significativas entre as variedades no comprimento das plântulas (cm) devido à carga de retenção de frutos. Registou-se um comprimento máximo significativo das plântulas em H1 (retenção de frutos em nós diferentes para fins de semente) (9,10 cm) em relação a H2 (retenção de todos os frutos) (8,97 cm).

Efeito da recolha de sementes em diferentes posições do fruto (C)

O comprimento das plântulas (cm) foi significativamente afetado pela posição dos frutos. A posição do fruto C1 (De frutos nascidos em 1-3 nós) registou significativamente o comprimento máximo das plântulas (11,78 cm), seguido de C4 (De frutos nascidos em 1-8 nós) (11,71 cm) e C2 (De frutos nascidos em 4-8 nós) (11,67 cm), ambos a par de C1. Significativamente, o comprimento mínimo de plântula (4,78 cm) foi encontrado na posição C3 (De frutos nascidos acima de 8th nós) do fruto.

Efeito de interação variedades (V) x retenção de frutos (H)

O efeito de interação das variedades e da retenção de frutos no comprimento das plântulas (cm) foi considerado não significativo. O comprimento máximo das plântulas (9,14 cm) foi registado em V1H1 seguido de V2H1 (9,07 cm), enquanto o comprimento mínimo das plântulas (8,90 cm) foi observado em V2H2.

Efeito de interação variedades (V) x colheita de sementes de diferentes posições do fruto (C)

O efeito de interação das variedades e da recolha de sementes de diferentes posições do fruto no comprimento das plântulas (cm) não foi significativo. No entanto, comparativamente, o comprimento máximo das plântulas (11,80 cm) foi encontrado em V1C1 seguido por V2C1 (11,76 cm) e V1C4 (11,75 cm), enquanto o comprimento mínimo das plântulas (4,74 cm) foi registado em V2C3.

Efeito de interação retenção de frutos (H) x colheita de sementes de diferentes posições do fruto (C)

O efeito da interação retenção de frutos x coleta de sementes de diferentes posições de frutos no comprimento de plântulas (cm) foi observado sem significância. O comprimento máximo de plântula (11,80 cm) foi observado em H1C1 seguido de H2C1 (11,76 cm) e H1C4 (11,73 cm), enquanto o comprimento mínimo de plântula (4,64 cm) foi registado em H2C3.

Efeito de interação variedades (V) x retenção de frutos (H) x recolha de sementes de diferentes posições dos frutos (C)

O efeito da interação variedades x retenção de frutos x recolha de sementes de diferentes posições dos frutos no comprimento das plântulas (cm) não foi significativo. No entanto, comparativamente, o comprimento máximo de plântula (11,80 cm) foi registado em T1 (V1H1C1) e T15 (V2H1C1) seguido porT8 (V1H2C1) (11,79 cm) e T2 (V1H1C2) (11,78 cm), enquanto o comprimento mínimo de plântula (4,56 cm) foi observado em T24 (V2H2C3).

4.2.13 Peso fresco das plântulas (g)

Os dados exercidos sobre o peso fresco das plântulas (g) de quiabo foram influenciados pela posição do fruto e pela carga de retenção do fruto são apresentados no Quadro 4.8.

Efeito das variedades (V)

O peso fresco da plântula (g) foi significativamente afetado pela posição do fruto e pela carga de retenção do fruto. A variedade V1 (GJO-3) registou um peso fresco de plântula significativamente máximo (0,738 g) do que a variedade V2 (GAO-5) (0,713 g).

Efeito da retenção de frutos (H)

A carga de retenção de frutos registou diferenças significativas no peso fresco das plântulas (g). O peso fresco máximo das plântulas foi registado em H1 (retenção de frutos em diferentes nós para fins de semente) (0,741 g) em relação a H2 (retenção de todos os frutos) (0,710 g).

Efeito da recolha de sementes em diferentes posições do fruto (C)

O peso fresco das plântulas (g) foi significativamente afetado pela posição dos frutos. A posição do fruto C1 (De frutos nascidos em 1-3 nós) registou significativamente o peso fresco máximo das plântulas (0,937 g) seguido por C4 (De frutos nascidos em 1-8 nós) (0,931 g) e C2 (De frutos nascidos em 4-8 nós) (0,928 g), ambos a par de C1. Significativamente, o peso fresco mínimo da plântula (0,452 g) foi observado na posição C3 (De frutos nascidos acima de 8th nós) do fruto.

Efeito de interação variedades (V) x retenção de frutos (H)

O efeito de interação das variedades e da retenção de frutos no peso fresco das plântulas (g) foi considerado não significativo. O peso fresco máximo das plântulas (0,755 g) foi observado em V1H1 seguido por V2H1 (0,728 g), enquanto o peso fresco mínimo das plântulas (0,699 g) foi registado em V2H2.

Efeito de interação variedades (V) x colheita de sementes de diferentes posições do fruto (C)

O efeito da interação entre variedades e recolha de sementes de diferentes posições do fruto no peso fresco das plântulas (g) não foi significativo. No entanto, comparativamente, o peso fresco máximo das plântulas (0,951 g) foi observado em V1C1, seguido por V1C2 (0,939 g) e V1C4 (0,938 g), enquanto o peso fresco mínimo das plântulas (0,440 g) foi observado em V2C3.

Efeito de interação retenção de frutos (H) x recolha de sementes de diferentes posições do fruto (C)

O efeito da interação retenção de frutos x coleta de sementes de diferentes posições de frutos no peso fresco das mudas (g) não foi significativo. No entanto, comparativamente, o peso fresco máximo das plântulas (0,957 g) foi observado em H1C1 seguido de H1C4 (0,946 g) e H1C2 (0,940 g), enquanto o peso fresco mínimo das plântulas (0,443 g) foi registado em H2C3.

Efeito de interação variedades (V) x retenção de frutos (H) x recolha de sementes de diferentes posições dos frutos (C)

O efeito da interação variedades x retenção de frutos x recolha de sementes de diferentes posições de frutos no peso fresco das plântulas (g) foi considerado não significativo. O peso fresco máximo das plântulas (0,978 g) foi registado em T1 (V1H1C1) seguido de T4 (V1H1C4) (0,954 g) e T2 (V1H1C2) (0,952 g), enquanto o peso fresco mínimo das plântulas (0,432 g) foi observado em T24 (V2H2C3).

4.2.14 Peso seco das plântulas (g)

Os dados sobre o peso seco das plântulas (g) de quiabo foi influenciado pela posição do fruto e pela carga de retenção do fruto são apresentados no Quadro 4.8.

Efeito das variedades (V)

Independentemente da posição dos frutos e da carga de retenção dos frutos, as variedades tiveram um efeito significativo no peso seco das plântulas (g). A variedade V1 (GJO-3) registou um peso seco de plântulas significativamente máximo (0,115 g) em relação à variedade V2 (GAO-5) (0,112 g).

Efeito da retenção de frutos (H)

Foram observadas diferenças significativas no peso seco das plântulas devido ao efeito da carga de retenção de frutos. Foi observado um peso seco de plântula significativamente máximo em H1 (retenção de frutos nascidos em nós diferentes para fins de semente) (0,115 g) do que em H2 (retenção de todos os frutos) (0,112 g).

Efeito da recolha de sementes em diferentes posições do fruto (C)

O peso seco das plântulas (g) foi significativamente afetado pela posição dos frutos. A posição do fruto C1 (De frutos nascidos em 1-3 nós) registou significativamente o peso seco máximo das plântulas (0,154 g) seguido de C4 (De frutos nascidos em 1-8 nós) (0,152 g) e C2 (De frutos nascidos em 4-8 nós) (0,150 g), ambos a par de C1. Significativamente, o peso seco mínimo da plântula (0,057 g) foi observado na posição C3 (de frutos nascidos acima de 8th nós) do fruto.

Efeito de interação variedades (V) x retenção de frutos (H)

O peso seco das plântulas (g) foi considerado não significativo para o efeito da interação entre as variedades e a carga de retenção de frutos. O peso seco máximo das plântulas (0,117 g) foi observado em V1H1 seguido de V1H2 (0,114 g), enquanto o peso seco mínimo das plântulas (0,110 g) foi registado em V2H2.

Efeito de interação variedades (V) x colheita de sementes de diferentes posições do fruto (C)

O peso seco das plântulas (g) foi considerado não significativo para o efeito da interação entre variedades e recolha de sementes de diferentes posições do fruto. Em comparação, o peso seco máximo das plântulas (0,155 g) foi observado em V1C1, seguido por V1C4 e V2C1 (0,153 g) e V1C2 (0,152 g), enquanto o peso seco mínimo das plântulas (0,053 g) foi observado em V2C3.

Efeito de interação retenção de frutos (H) x recolha de sementes de diferentes posições do fruto (C)

O efeito da interação retenção de frutos x coleta de sementes de diferentes posições de frutos no peso seco das mudas (g) não foi significativo. No entanto, comparativamente, o peso seco máximo das plântulas (0,155 g) foi observado em H1C1 seguido por H1C4 e H2C1 (0,153 g) e H1C2 (0,152 g), enquanto o peso seco mínimo das plântulas (0,056 g) foi registado em H2C3.

Efeito de interação variedades (V) x retenção de frutos (H) x recolha de sementes de diferentes posições dos frutos (C)

O efeito da interação variedades x retenção de frutos x recolha de sementes de diferentes posições de frutos no peso seco das plântulas (g) foi considerado não significativo. O peso seco máximo das plântulas (0,157 g) foi registado em T1 (V1H1C1) seguido porT4 (V1H1C4) (0,155 g) e T2 (V1H1C2) e T8 (V1H2C1) (0,952 g), enquanto o peso seco mínimo das plântulas (0,053 g) foi observado em T24 (V2H2C3).

4.2.15 Índice de vigor das plântulas-I

Os resultados sobre o índice de vigor das plântulas-I foi influenciado pelas variedades, posição dos frutos e carga de retenção de frutos são apresentados no Quadro 4.8.

Efeito das variedades (V)

A variedade teve um efeito significativo no índice de vigor das plântulas-I para a posição do fruto e a carga de retenção do fruto. A variedade V1 (GJO-3) registou um índice de vigor de plântulas-I significativamente máximo (731,92) em relação à variedade V2 (GAO-5) (687,48).

Efeito da retenção de frutos (H)

Foram observadas diferenças significativas no índice de vigor das plântulas-I devido ao efeito da carga de retenção de frutos. O índice de vigor de plântulas-I significativamente mais elevado foi observado em H1 (retenção de frutos nascidos em nós diferentes para fins de semente) (722,98) sobre H2 (retenção de todos os frutos) (696,43).

Efeito da recolha de sementes em diferentes posições do fruto (C)

O índice de vigor das plântulas-I foi significativamente afetado pela posição dos frutos. A posição do fruto C1 (De frutos nascidos em 1-3 nós) observou um índice de vigor de plântulas-I significativamente mais elevado (999,28) seguido por C2 (De frutos nascidos em 4-8 nós) (965,29) e C4 (De frutos nascidos em 1-8 nós) (981,91) que estavam a par com C1. Significativamente o menor índice de vigor de plântula-I (306.38) foi observado em C3 (De frutos nascidos acima de 8th nós) posição do fruto.

Efeito de interação variedades (V) x retenção de frutos (H)

O índice de vigor das plântulas-I foi considerado não significativo para o efeito da interação entre variedades e carga de retenção de frutos. No entanto, comparativamente, o maior índice de vigor de plântulas-I (742,47) foi registado em V1H1 seguido de V1H2 (721,37), enquanto o menor índice de vigor de plântulas-I (671,48) foi observado em V2H2.

Efeito de interação variedades (V) x colheita de sementes de diferentes posições do fruto (C)

O efeito de interação das variedades e da recolha de sementes de diferentes posições do fruto no índice de vigor das plântulas-I não foi significativo. O maior índice de vigor de plântulas-I (1020,53) foi observado em V1C1, seguido por V1C4 (1010,97) e V1C2 (1003,35), enquanto o menor índice de vigor de plântulas-I (294,02) foi registado em V2C3.

Tabela 4.8: Efeito da posição do fruto e da carga de retenção do fruto no peso fresco da plântula (g), peso seco da plântula (g), índice de vigor da plântula-I e índice de vigor da plântula-II em variedades de quiabo

Tratamento	Peso fresco das plântulas (g)	Peso seco das plântulas (g)	Índice de vigor das plântulas-I	Índice de vigor das plântulas- II
Variedades (V)				
V1	0.738	0.115	731.92	9.31
V2	0.713	0.112	687.48	8.57
S. Em±	0.003	0.001	3.52	0.07
CD a 5 %	0.007	0.002	9.97	0.19
Retenção de frutos (H)				
H1	0.741	0.115	722.98	9.16
H2	0.710	0.112	696.43	8.71
S. Em±	0.003	0.001	3.52	0.07
CD a 5 %	0.007	0.002	9.97	0.19
Recolha de sementes de diferentes posições do fruto (C)				
C1	0.937	0.154	999.28	13.06
C2	0.928	0.150	965.29	12.38
C3	0.452	0.057	306.38	3.68
C4	0.931	0.152	981.91	12.72
C5	0.638	0.102	546.01	7.47
C6	0.548	0.073	520.64	5.25
C7	0.653	0.107	655.17	8.05
S. Em±	0.005	0.001	6.58	0.12
CD a 5 %	0.014	0.004	18.65	0.35
Variedades (V) x Retenção de frutos (H)				
V1H1	0.755	0.117	742.47	9.50
V1H2	0.721	0.114	721.37	9.11
V2H1	0.728	0.113	703.48	8.82
V2H2	0.699	0.110	671.48	8.32
S. Em±	0.004	0.001	4.98	0.09
CD a 5 %	NS	NS	NS	NS
Variedades (V) x Recolha de sementes de diferentes posições dos frutos (C)				
V1C1	0.951	0.155	1020.53	13.44
V1C2	0.939	0.152	1003.35	13.01
V1C3	0.464	0.061	318.74	4.06
V1C4	0.938	0.153	1010.97	13.16
V1C5	0.647	0.104	566.23	7.79
V1C6	0.560	0.073	533.17	5.40
V1C7	0.664	0.109	670.47	8.28
V2C1	0.924	0.153	978.03	12.68
V2C2	0.916	0.147	927.22	11.75
V2C3	0.440	0.053	294.02	3.30

V2C4	0.925	0.150	952.86	12.27
V2C5	0.629	0.100	525.79	7.15
V2C6	0.536	0.072	508.11	5.10
V2C7	0.642	0.106	639.88	7.82
S. Em±	0.007	0.002	9.31	0.18
CD a 5 %	NS	NS	NS	NS
Retenção de frutos (H) x Recolha de sementes de diferentes posições do fruto (C)				
H1C1	0.957	0.155	1014.98	13.30
H1C2	0.940	0.152	984.26	12.73
H1C3	0.462	0.059	320.62	3.83
H1C4	0.946	0.153	991.12	12.92
H1C5	0.655	0.103	558.75	7.66
H1C6	0.559	0.072	527.25	5.26
H1C7	0.670	0.112	663.86	8.44
H2C1	0.918	0.153	983.57	12.81
H2C2	0.915	0.148	946.32	12.03
H2C3	0.443	0.056	292.15	3.53
H2C4	0.917	0.151	972.71	12.52
H2C5	0.621	0.100	533.26	7.29
H2C6	0.537	0.073	514.03	5.25
H2C7	0.636	0.103	646.49	7.66
S. Em±	0.007	0.002	9.31	0.18
CD a 5 %	NS	NS	NS	NS
Variedades (V) x posições (C)	**Retenção de frutos (H) x Recolha de sementes de diferentes frutos**			
T1 = V1H1C1	0.978	0.157	1030.78	13.71
T2=V1H1C2	0.952	0.154	1012.48	13.27
T3 = V1H1C3	0.475	0.064	331.27	4.29
T4=V1H1C4	0.954	0.155	1021.09	13.43
T5=V1H1C5	0.665	0.102	579.37	7.75
T6=V1H1C6	0.581	0.072	539.02	5.35
T7=V1H1C7	0.678	0.113	683.29	8.72
T8=V1H2C1	0.924	0.154	1010.27	13.16
T9=V1H2C2	0.925	0.150	994.22	12.75
T10 = V1H2C3	0.453	0.059	306.21	3.84
T11 = V1H2C4	0.923	0.151	1000.85	12.89
T12 = V1H2C5	0.630	0.105	553.09	7.83
T13 = V1H2C6	0.539	0.074	527.32	5.45
T14 = V1H2C7	0.651	0.104	657.65	7.84
T15 =V2H1C1	0.936	0.152	999.19	12.90
T16 =V2H1C2	0.927	0.149	956.03	12.19
T17 = V2H1C3	0.448	0.054	309.96	3.38
T18 = V2H1C4	0.938	0.151	961.15	12.40
T19 =V2H1C5	0.645	0.105	538.13	7.56
T20 =V2H1C6	0.537	0.072	515.48	5.16
T21 = V2H1C7	0.662	0.111	644.42	8.15
T22 = V2H2C1	0.911	0.153	956.87	12.47
T23 = V2H2C2	0.905	0.146	898.41	11.31
T24 =V2H2C3	0.432	0.053	278.08	3.21
T25 =V2H2C4	0.911	0.150	944.57	12.15
T26 = V2H2C5	0.612	0.095	513.44	6.74
T27 = V2H2C6	0.535	0.072	500.73	5.04
T28 =V2H2C7	0.621	0.102	635.33	7.49

Média	0.727	0.113	710.67	8.94
S. Em±	0.010	0.003	13.16	0.25
CD a 5 %	NS	NS	NS	NS
CV %	2.27	4.41	3.21	4.82

Efeito de interação retenção de frutos (H) x recolha de sementes de diferentes posições do fruto (C)

O efeito da interação retenção de frutos x coleta de sementes de diferentes posições de frutos no índice de vigor de plântulas-I não foi significativo. No entanto, comparativamente, o maior índice de vigor de plântulas-I (1014,98) foi observado em H1C1 seguido por H1C4 (991,12) e H1C2 (984,26), enquanto o menor índice de vigor de plântulas-I (292,15) foi registado por H2C3.

Efeito de interação variedades (V) x retenção de frutos (H) x recolha de sementes de diferentes posições dos frutos (C)

O efeito da interação variedades x retenção de frutos x recolha de sementes de diferentes posições de frutos no índice de vigor de plântulas-I foi considerado não significativo. Em comparação, o maior índice de vigor de plântulas-I (1030,78) foi registado em T1 (V1H1C1) seguido porT4 (V1H1C4) (1021,09) e T2 (V1H1C2) (1012,48), enquanto o menor índice de vigor de plântulas-I (278,08) foi observado em T24 (V2H2C3).

4.2.16 Índice de vigor das plântulas-II

Os resultados sobre o índice de vigor das plântulas-II foi influenciado pelas variedades, posição dos frutos e carga de retenção de frutos são apresentados no Quadro 4.8.

Efeito das variedades (V)

Independentemente da posição dos frutos e da carga de retenção dos frutos, as variedades tiveram um efeito significativo no índice de vigor das plântulas-II. A variedade V1 (GJO-3) registou um índice de vigor das plântulas-II significativamente mais elevado (9,31) do que a variedade V2 (GAO-5) (8,57).

Efeito da retenção de frutos (H)

Foram observadas diferenças significativas no índice de vigor das plântulas-II devido ao efeito da carga de retenção de frutos. O índice de vigor de plântulas-II significativamente mais alto foi observado em H1 (retenção de frutos em diferentes nós para fins de sementes) (9,16) sobre H2 (retenção de todos os frutos) (8,71).

Efeito da recolha de sementes em diferentes posições do fruto (C)

O índice de vigor das plântulas-II foi significativamente afetado pela posição dos frutos. O índice de vigor de plântulas-II significativamente mais elevado (13,06) foi observado na posição de fruto C1 (de frutos nascidos em 1-3 nós), seguido de C2 (de frutos nascidos em 4-8 nós) (12,38) e C4 (de frutos nascidos em 1-8 nós) (12,72), que estavam a par de C1. Significativamente o menor índice de vigor de plântula-II (3.68) foi observado em C3 (De frutos nascidos acima de 8th nós) posição do fruto.

Efeito de interação variedades (V) x retenção de frutos (H)

O efeito de interação das variedades e da retenção de frutos no índice de vigor das plântulas-II foi considerado não significativo. Em comparação, o maior índice de vigor de plântulas-II (9,50) foi registado em V1H1 seguido de V1H2 (9,11), enquanto o menor índice de vigor de plântulas-II (8,32) foi registado em V2H2.

Efeito de interação variedades (V) x colheita de sementes de diferentes posições do fruto (C)

O índice de vigor das plântulas-II foi considerado não significativo para o efeito da interação entre variedades e recolha de sementes de diferentes posições do fruto. O maior índice de vigor de plântulas-II (13,44) foi observado em V1C1, seguido por V1C4 (13,16) e V1C2 (13,01), enquanto o menor índice de vigor de plântulas-II (3,30) foi registado em V2C3.

Efeito de interação retenção de frutos (H) x recolha de sementes de diferentes posições do fruto (C)

O efeito da interação retenção de frutos x coleta de sementes de diferentes posições de frutos no índice de vigor de plântulas-II não foi significativo. No entanto, comparativamente, o maior índice de vigor de plântulas-II (13,30) foi observado em H1C1 seguido por H1C4 (12,92) e H1C2 (12,73), enquanto o menor índice de vigor de plântulas-II (3,53) foi registado por H2C3.

Efeito de interação variedades (V) x retenção de frutos (H) x recolha de sementes de diferentes posições dos frutos (C)

O índice de vigor de plântulas-II foi exercido de forma não significativa para o efeito da interação variedades x retenção de frutos x recolha de sementes de diferentes posições de frutos. O maior índice de vigor de plântulas-II (13,71) foi registado em T1 (V1H1C1) seguido de T4 (V1H1C4) (13,43) e T2 (V1H1C2) (13,27), enquanto o menor índice de vigor de plântulas-II (3,21) foi observado em T24 (V2H2C3).

4.2.17 Teor de humidade das sementes (%)

Os dados relativos ao teor de humidade das sementes (%) de quiabo foram afectados pela posição do fruto e pela carga de retenção do fruto em ambas as variedades são apresentados no quadro 4.9.

No geral, o teor de humidade das sementes foi de 8,26%. O teor de humidade da semente, em termos de variedades, foi de 8,24% na V1 (GJO-3) e de 8,28% na V2 (GAO-5), e o efeito restante da posição do fruto e da carga de retenção do fruto para a interação foi considerado não significativo.

Quadro 4.9: Efeito da posição do fruto e da carga de retenção do fruto no teor de humidade das sementes (%) em variedades de quiabo

	Teor de humidade das sementes (%)
V1 - GJO 3	8.24
V2 - GAO 5	8.28
S.Em±	0.06
CD a 5 %	NS
CV %	4.70

CAPÍTULO V

DISCUSSÃO

O quiabo [*Abelmoschus esculentus* (L.) Moench] é um dos principais produtos hortícolas cultivados nas regiões tropicais e subtropicais do mundo pelas suas vagens verdes imaturas e contribui em 4% para a produção total de produtos hortícolas na Índia. O quiabo é uma importante cultura da estação das chuvas de verão cultivada em Gujarat e na Índia. A boa qualidade das sementes é um pré-requisito para alcançar uma maior produtividade em qualquer cultura e desempenha um papel importante numa produção bem sucedida. Tem havido uma procura crescente de produção e distribuição de sementes de qualidade. A capacidade de as sementes produzirem um maior número de plântulas normais e vigorosas depende de um enchimento e maturação adequados das sementes, uma vez que a competição por assimilados entre frutos e dentro dos frutos afecta a fixação e o desenvolvimento das sementes (Bertin, 1995). Os frutos que amadurecem tardiamente contêm sementes imaturas mais leves, o que resulta num maior número de sementes mortas ou duras e em plântulas menos vigorosas, reduzindo assim a germinabilidade global (Getzin, 1983). O efeito da posição do fruto na planta e a duração após a antese foram estudados por Yadav e Dhankhar (2001) no quiabeiro. No quiabeiro, a qualidade da semente é afetada pela posição do fruto, maturidade da semente e estação de crescimento (Prabhakar *et al.*, 2003). Em vez disso, a presente experiência é conduzida para encontrar a posição óptima do fruto e a carga do fruto para a produção de sementes de qualidade em quiabeiro.

Os resultados obtidos na presente investigação, intitulada **"Efeito da posição do fruto e da carga de retenção do fruto na produção de sementes e nos parâmetros de qualidade das sementes de quiabo [*Abelmoschus esculentus* (L.) Moench]"**, são discutidos neste capítulo com uma tentativa de estabelecer os fundamentos e as consequências com as evidências e a literatura disponíveis.

Esta experiência consistiu num total de 28 combinações de tratamentos envolvendo duas variedades, duas cargas de retenção de frutos e sete posições de frutos. A experiência foi conduzida em blocos aleatórios com um conceito fatorial em condições de campo e num desenho completamente aleatório com um conceito fatorial em condições de laboratório e foi replicada três vezes. As discussões dos seguintes aspectos sobre caracteres individuais são definidas abaixo. Os resultados experimentais obtidos com a presente investigação são discutidos nos seguintes títulos.

5.1 Análise de variância para o projeto experimental

5.2 Efeito das variedades

5.3 Efeito da carga de retenção dos frutos

5.4 Efeito da recolha de sementes em diferentes posições do fruto

5.5 Efeitos de interação

5.1 Análise de variância para o projeto experimental

A análise de variância baseada na soma média dos quadrados revelou que foram observadas diferenças significativas entre as variedades para os dias até ao início da floração, altura da planta aos 30 dias após a sementeira, altura da planta na colheita final, comprimento do fruto, número de sementes por fruto, peso de cem sementes e rendimento de sementes por planta. Enquanto que foram observadas diferenças não significativas para a percentagem de emergência no campo em condições de campo. Em condições de laboratório, os parâmetros de qualidade da semente, nomeadamente a percentagem de germinação da semente, o comprimento da raiz, o comprimento do rebento, o comprimento da plântula, o peso fresco da plântula, o peso seco da plântula e o índice de vigor da semente I e II foram considerados significativos para as variedades. Isto indica que as diferenças varietais existem na expressão do carácter (Quadro 4.1 e 4.2). Os resultados estão de acordo com as conclusões de Narayan *et al.* (2009), Hedau *et al.* (2010), Ibrahim e Oladiran (2011), Mohammadi *et al.* (2015), Shankar e Mani (2015), Shankar *et al.* (2015), Mohamed *et al.* (2016) e Sharma *et al.* (2018).

As diferenças significativas para a retenção de frutos foram significativas para a altura da planta na colheita final, comprimento do fruto, número de sementes por fruto, peso de cem sementes e rendimento de sementes por planta, enquanto que não foram significativas para a percentagem de emergência no campo, dias para o início da floração e altura da planta aos 30 dias após a sementeira em condições de campo (Quadro 4.1). Os resultados estão de acordo com os achados de Grewal *et al.* (1972) para número de sementes por fruto, rendimento de sementes e peso de cem sementes; Pandey *et al.* (1976) para comprimento do fruto e número de sementes por fruto; Khan e Jaiswal (1988) para rendimento de sementes por planta; Bharat *et al.* (1997) para comprimento do fruto e número de sementes por fruto; Moniruzzaman e Quamruzzaman (2009) para rendimento de sementes por planta, Narayan *et al.* (2009) para comprimento do fruto; número de sementes por fruto e rendimento de sementes; Singh *et al.* (2011) para o rendimento de sementes; Kumari *et al.* (2013) para altura da planta, comprimento do fruto, número de sementes por fruto e rendimento de sementes por planta; Lakkundi (2013) para dias para o início da floração, comprimento do fruto, número de sementes por fruto, peso de cem sementes e rendimento de sementes por planta; Mohammadi *et al.* (2015) para altura da planta, comprimento do fruto e número de sementes por fruto e Sharma *et al.*(2018) para dias para o início da floração, comprimento do fruto, número de sementes por fruto e rendimento de sementes .

Em condições laboratoriais, os parâmetros de qualidade da semente, nomeadamente a percentagem de germinação da semente, o comprimento da raiz, o comprimento do rebento, o comprimento da plântula, o peso fresco da plântula, o peso seco da plântula e o índice de vigor da semente I e II foram considerados significativos, indicando que a retenção de frutos de diferentes locais cria diferenças na expressão dos caracteres (Quadro 4.2). Achados semelhantes também foram relatados por Bhatt e Srinivasa Rao (1998) para germinação de sementes; Ibrahim e Oladiran (2011) para germinação de sementes; Singh *et al.* (2011) para germinação de sementes; Lakkundi (2013) para germinação de sementes, comprimento de raiz, comprimento de broto, peso seco de plântula e índice de vigor de sementes I e II; Mohammadi *et al.* (2015) para a germinação de sementes; Bhanuje e Raikar (2016) para a percentagem de germinação de sementes, comprimento da raiz, comprimento do rebento, índice de vigor das plântulas-I e peso seco das plântulas e Sharma *et al.* (2018) para a percentagem de germinação de sementes, comprimento da raiz, comprimento do rebento, comprimento das plântulas, peso seco das plântulas e índice de vigor das sementes I e II no quiabo.

As diferenças significativas foram encontradas para sementes colhidas em diferentes posições para altura da planta na colheita final, comprimento do fruto, número de sementes por fruto, peso de cem sementes e rendimento de sementes por planta, enquanto que não foram significativas para a percentagem de emergência no campo, dias para o início da floração e altura da planta aos 30 dias após a sementeira em condições de campo. Os resultados estão de acordo com as conclusões de Bhatt e Shrinavs Rao (1998) para o comprimento do fruto e o número de sementes por fruto; Yadav e Dhankar (2001) para o número de sementes por fruto; Ibrahim e Oladiran (2011) para o comprimento do fruto; Kumari *et al.* (2013) para altura da planta, comprimento do fruto, número de sementes por fruto e rendimento de sementes por planta; Lakkundi (2013) para dias para o início da floração, comprimento do fruto, número de sementes por fruto, peso de cem sementes e rendimento de sementes por planta; Mohammadi *et al.* (2015) para altura da planta, comprimento do fruto e número de sementes por fruto; Kortse e Oketa (2016) para comprimento do fruto, número de sementes por fruto e peso de cem sementes; Mohamed *et al.* (2016) para comprimento do fruto, número de sementes por fruto e peso de cem sementes e Sharma *et al.* (2018) para dias para o início da floração, comprimento do fruto, número de sementes por fruto e rendimento de sementes .

Em condições laboratoriais, todos os parâmetros de qualidade de sementes estudados, exceto a percentagem de humidade das sementes, foram considerados significativos para sementes colhidas em diferentes posições, o que indica que as sementes colhidas em diferentes nós da planta dão origem a diferenças na expressão dos parâmetros de qualidade de sementes (quadros 4.1 e 4.2). Resultados semelhantes foram também registados por Reddy *et al.* (1997) e Bhatt e Srinivasa Rao (1998) para a germinação; Rao *et al.* (2004) e Verma *et al.* (2004) para a germinação de sementes, comprimento da raiz, comprimento do rebento, comprimento das plântulas, peso seco das plântulas e índice de vigor das sementes I e II; Nabi *et al.* (2009) para germinação de sementes, índice de vigor de sementes I e II; Hedau *et al.* (2010) para germinação de sementes, comprimento de plântulas e índice de vigor de plântulas-I; Francis e Opondo (2011) para germinação de sementes; Kumari *et al.* (2013) para germinação de sementes, comprimento de plântulas, peso seco de plântulas e índice de vigor de sementes I e II; Lakkundi (2013) para germinação de sementes, comprimento de raízes, comprimento de rebentos, peso seco de plântulas e índice de vigor de sementes I e II e Sharma *et al.* (2018) para percentagem de germinação de sementes, comprimento de raízes, comprimento de rebentos, comprimento de plântulas, peso seco de plântulas e índice de vigor de sementes I e II em quiabos.

O efeito da interação entre variedades, retenção de frutos e posições dos frutos foi significativo para a altura da planta na colheita final, comprimento do fruto, número de sementes por fruto, peso de cem sementes e rendimento de sementes por planta e não significativo para a percentagem de emergência no campo, dias para o início da floração e altura da planta aos 30 dias após a sementeira. Resultados semelhantes foram também registados por Hedau *et al.* (2010) e Kumari *et al.* (2013) para a altura da planta, comprimento do fruto, número de sementes por fruto e rendimento de sementes por planta; Lakkundi (2013) para os dias até ao início da floração, comprimento do fruto, número de sementes por fruto, peso de cem sementes e rendimento de sementes por planta; Mohammadi *et al.* (2015) para altura da planta, comprimento do fruto e número de sementes por fruto; Kortse e Oketa (2016) para comprimento do fruto, número de sementes por fruto e peso de cem sementes e Sharma *et al.* (2018) para dias para o início da floração, comprimento do fruto, número de sementes por fruto e rendimento de sementes .

Em condições de laboratório, não foram encontradas diferenças significativas para todos os caracteres de qualidade de sementes estudados. Os resultados estão em contradição com Hedau *et al.* (2010) para germinação de sementes, comprimento de plântulas e índice de vigor de plântulas-I; Kumari *et al.* (2013) para germinação de sementes, comprimento de plântulas, peso seco de plântulas e índice de vigor de sementes I e II; Kortse e Oketa (2016) para germinação de sementes; Mohammadi *et al.* (2015) para germinação de sementes e porcentagem de umidade de sementes, e Sharma *et al.* (2018) para sementes

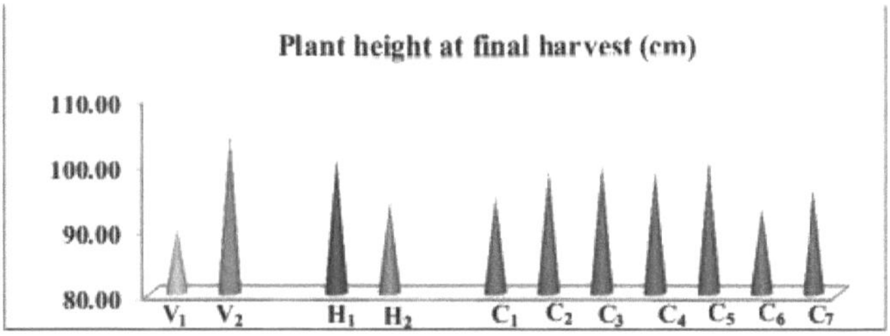

Fig. 5.1: Efeito da posição do fruto e da carga de retenção do fruto na altura da planta na colheita final (cm) no quiabeiro

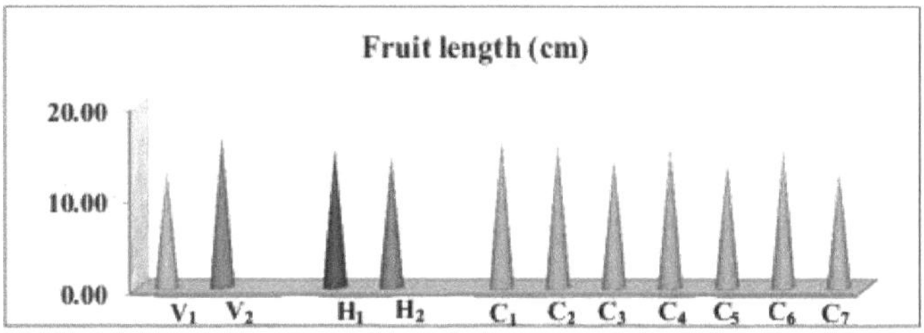

Fig. 5.2: Efeito da posição do fruto e da carga de retenção do fruto no comprimento do fruto (cm) no quiabeiro

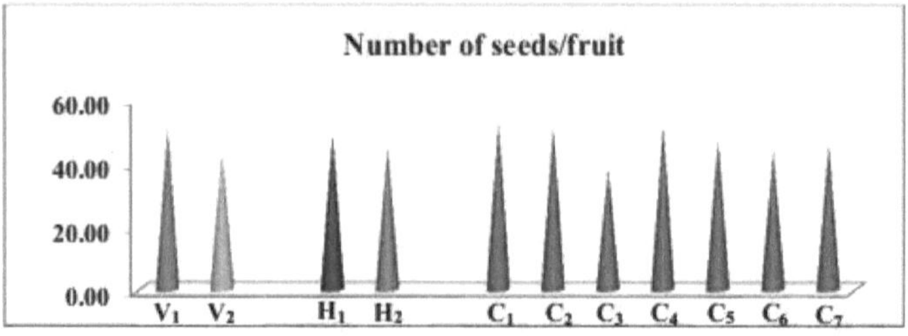

Fig. 5.3: Efeito da posição do fruto e da carga de retenção do fruto no número de sementes por fruto no quiabeiro

v_1: GJO-3, v_2: GAO-5
H_1: Retenção de frutos nascidos em nós diferentes para fins de semente
H_2 : Retenção de todos os frutos
C_1: De frutos nascidos em 1-3 nós, C_2 : De frutos nascidos em 4-8 nós, C_3 : De frutos nascidos acima de 8 nósth , C_4 : De frutos nascidos em 1-8 nós, C_5 : De frutos nascidos em 1-3 nós e acima de 8 nósth , C_6: De frutos nascidos acima de 4 nósth , C_7: De todos os frutos percentagem de germinação, comprimento da raiz, comprimento do rebento, comprimento das plântulas, peso seco das plântulas e índice de vigor das sementes I e II no quiabeiro.

5.2 Efeito das variedades

As diferenças varietais foram exibidas para dias até o início da floração, após comparação a variedade GAO-5 foi mais precoce que a GJO-3. A variedade GAO-5 foi considerada superior para a altura da planta na colheita final e para o comprimento do fruto, como mostram as Figuras 5.1 e 5.2.

A variedade GJO-3 foi considerada superior para o número de sementes por fruto, peso de cem sementes e rendimento de sementes por planta. No geral, as diferenças entre as variedades estão presentes e são apresentadas graficamente na Fig. 5.3, 5.4 e 5.5.

A variedade GJO-3 foi considerada superior para germinação de sementes, comprimento de raiz, comprimento de broto, comprimento de plântula, peso seco de plântula, índice de vigor de plântula-I e índice de vigor de plântula-II do que a variedade GAO-5. No geral, as diferenças entre as variedades estão presentes e são apresentadas graficamente nas Figuras 5.6, 5.7 e 5.8.

5.3 Efeito da carga de retenção de frutos

A retenção de frutos teve um efeito significativo na altura da planta na colheita final. A retenção de frutos em diferentes nós para fins de semente registou, comparativamente, a altura máxima da planta na colheita final (100,52 cm) em relação à retenção de todos os frutos (93,83 cm). Os resultados estão de acordo com as conclusões de Nabi *et al.* (2010), Kumari *et al.* (2013) e Mohammadi *et al.* (2015) (Fig.5.1).

A retenção de frutos nascidos em nós diferentes para fins de semente registou atributos de rendimento de sementes mais elevados em comparação com a retenção de todos os frutos. Significativamente, o comprimento máximo do fruto (15,08 cm), o número de sementes por fruto (48,73), o peso de cem sementes (6,38 g) e a produção de sementes por planta (15,12 g) foram mais elevados na retenção de frutos nascidos em nós diferentes para fins de semente do que na retenção de todos os frutos. Assim, a retenção de frutos em diferentes nós para fins de semente pode ser considerada como a melhor forma de obter uma maior produção de sementes na cultura do quiabo. Isto pode dever-se ao facto de os materiais alimentares melhorados serem translocados para o local de formação e desenvolvimento de novas vagens. Os resultados estão de acordo com os achados de Grewal *et al.* (1972) para número de sementes por fruto, rendimento de sementes e peso de cem sementes; Pandey *et al.* (1976) para comprimento do fruto e número de sementes por fruto; Khan e Jaiswal (1988) para rendimento de sementes por planta; Bharat *et al.* (1997) para comprimento do fruto e número de sementes por fruto; Moniruzzaman e Quamruzzaman (2009) para o rendimento de sementes por planta; Narayan *et al.*

(2009) para o comprimento do fruto, número de sementes por fruto e rendimento de sementes; Singh *et al.* (2011) para o rendimento de sementes; Kumari *et al.* (2013) para altura da planta, comprimento do fruto, número de sementes por fruto e rendimento de sementes por planta; Lakkundi (2013) para dias para o início da floração, comprimento do fruto, número de sementes por fruto, peso de cem sementes e rendimento de sementes por planta; Mohammadi *et al.* (2015) para altura da planta, comprimento do fruto e número de sementes por fruto e Sharma *et al.* (2018) para dias para o início da floração, comprimento do fruto, número de sementes por fruto e rendimento de sementes (Fig. 5.2, 5.3, 5.4 e 5.5).

A retenção de frutos nascidos em diferentes nós para fins de semente registou atributos de qualidade de semente mais elevados em comparação com a retenção de todos os frutos. A germinação de sementes (77,45 %), o comprimento da raiz (3,52 cm), o comprimento do rebento (5,58 cm), o comprimento das plântulas (9,10 cm), o peso fresco das plântulas (0,741 g), o peso seco das plântulas (0,115 g), o índice de vigor das plântulas-I (722,98) e o índice de vigor das plântulas-II (9,16) foram significativamente mais elevados do que a retenção de todos os frutos. Assim, a retenção de frutos nascidos em diferentes nós para fins de semente pode ser considerada como a melhor forma de obter uma resposta de maior qualidade de semente na cultura do quiabeiro. Isto pode ser atribuído à razão de que a retenção de frutos selecionados para fins de semente na planta absorveu mais nutrientes e minerais em comparação com a retenção de todos os frutos para fins de semente na mesma planta. Achados semelhantes também foram relatados por Bhatt e Srinivasa Rao (1998), Ibrahim e Oladiran (2011) e Singh *et al.* (2011) para germinação de sementes; Lakkundi (2013) para germinação de sementes, comprimento de raiz, comprimento de broto, peso seco de plântula e índice de vigor de sementes I e II; Mohammadi *et al.* (2015) para germinação de sementes e percentagem de humidade das sementes; Bhanuje e Raikar (2016) para percentagem de germinação de sementes, comprimento da raiz, comprimento do rebento, índice de vigor das plântulas-I e peso seco das plântulas e Sharma *et al.* (2018) para percentagem de germinação de sementes, comprimento da raiz, comprimento do rebento, comprimento das plântulas, peso seco das plântulas e índice de vigor das sementes I e II no quiabo (Fig.5.6 a 5.8).

5.4 Efeito da recolha de sementes em diferentes posições do fruto

A recolha de sementes de diferentes posições do fruto teve um efeito significativo na altura da planta na colheita final. Comparativamente, a altura máxima da planta na colheita final (100,14 cm) foi registada na posição C5 (frutos nascidos em 1-3 nós e acima de 8th nós) seguida de C3 (frutos nascidos acima de 8th nós) (99,49 cm), C2 (frutos nascidos em 1-3 nós) (98,63 cm) e C4 (frutos nascidos em 1-8 nós) (98,53 cm). A altura mínima da planta na colheita final (92,98 cm) foi registada na posição do fruto C6

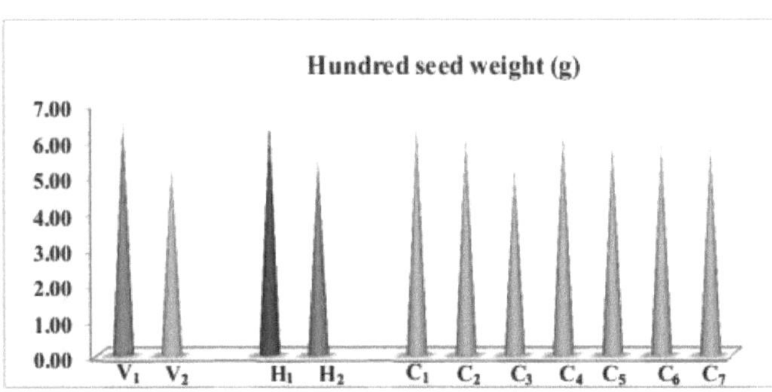

Fig. 5.4: Efeito da posição do fruto e da carga de retenção do fruto no peso de cem sementes (g) do quiabo

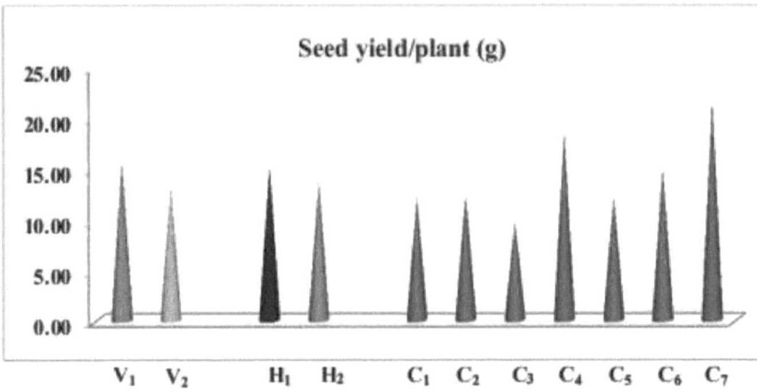

Fig. 5.5: Efeito da posição do fruto e da carga de retenção do fruto na produção de sementes por planta (g) no quiabeiro

vi: GJO-3, v2: GAO-5
H_1 : Retenção dos frutos que nascem em nós diferentes para fins de sementeira,
H_2 : Retenção de todos os frutos
C_1 : De frutos com 1-3 nós, **C_2** : De frutos com 4-8 nós, **C_3** : De frutos com mais de 8 nósth , **C_4** : De frutos com 1-8 nós, **C_5** : De frutos com 1-3 nós e mais de 8 nósth , **C_6** : De frutos com mais de 4 nósth , **C_7** : De todos os frutos

(frutos nascidos em mais de 4 nósth). A altura da planta na colheita final (20,52 cm) foi registada na posição do fruto C7 (todos os frutos). Os resultados estão de acordo com as conclusões de Nabi *et al.* (2010), Kumari *et al.* (2013) e Mohammadi *et al.* (2015) (Fig.5.1).

A recolha de sementes de diferentes posições do fruto teve um efeito significativo no comprimento do fruto (cm). A posição do fruto resultou num comprimento de fruto significativamente mais elevado (16,27 cm) na posição C1 (frutos nascidos em 1-3 nós), seguida da posição C2 (frutos nascidos em 4-8 nós) (15,85 cm), que estavam ao mesmo nível. O comprimento de fruto significativamente mais baixo (12,68 cm) foi registado na posição C7 (todos os frutos) do fruto. Os resultados estão de acordo com as conclusões de Kumari *et al.* (2013), Lakkundi (2013), Kortse e Oketa (2016), Mohamed *et al.* (2016) e Sharma *et al.* (2018) (Fig.5.2).

As posições de carregamento dos frutos tiveram uma diferença significativa no número máximo de sementes por fruto (51,81) na posição C1 (frutos nascidos em 1-3 nós), seguida da posição C4 (frutos nascidos em 1-8 nós) (50,95) e C2 (frutos nascidos em 4-8 nós) (50,60), que foram iguais entre si. Significativamente, o número mínimo de sementes por fruto (37,96) foi registado na posição C3 (frutos nascidos acima do 8th nó) do fruto. Yadav e Dhankhar (2001) registaram valores mais elevados de sementes por fruto nas posições inferiores da planta, seguidas de perto pela posição intermédia, e valores significativamente mais baixos foram observados nas sementes dos frutos da posição superior. Estes resultados estão de acordo com os de Bhatt e Shrinavsa Rao (1998), Prabhakar *et al.* (2003), Rao *et al.* (2004), Verma *et al.* (2004), Yadav e Dhankar (2001), Nabi *et al.* (2009), Hedau *et al.* (2010), Kumari *et al.* (2013), Lakkundi (2013), Kortse e Oketa (2016), Mohamed *et al.* (2016) e Sharma *et al.* (2018) em quiabo (Fig.5.3).

A posição do fruto C1 (frutos nascidos em 1-3 nós) registou um peso de cem sementes significativamente mais elevado (6,35 g), seguido de C4 (frutos nascidos em 1-8 nós) (6,14 g) e C2 (frutos nascidos em 4-8 nós) (6,07 g), que estavam ao mesmo nível. Significativamente, o menor peso de cem sementes (5,19 g) foi observado na posição C3 (frutos nascidos acima de 8th nós) do fruto. Achados semelhantes também foram relatados por Grewal *et al.* (1972), Reddy *et al.* (1997), Bhatt e Srinivasa Rao (1998), Nabi *et al.* (2009), Ibrahim e Oladiran (2011), Kumari *et al.* (2013), Lakkundi (2013), Mohamed *et al.* (2016) e Kortse e Oketa (2016) relataram que o peso das sementes posicionadas na base e no meio foi significativamente maior do que as sementes do ápice (Fig.5.4).

A posição dos frutos exerceu um efeito significativo na produção de sementes por planta. A posição do fruto C7 (todos os frutos) registou uma produção de sementes por planta significativamente mais elevada (21,52 g), seguida da posição C4 (frutos nascidos em 1-8 nós) (18,43 g) e C6 (frutos nascidos acima de 4th nós) (14,96 g). A menor produção de sementes por planta (9,74 g) foi registada na posição C3 (frutos nascidos acima do 8th nó) do fruto. O aumento da produção de sementes no caso do C7 (todos os frutos) pode dever-se ao maior número de frutos considerados para a recolha de sementes. Essas descobertas estão de acordo com as descobertas de Madalageri (1979), Deshmukh e Tayde (1986), Khan e Jaiswal (1988), Nataraj (1988), Moniruzzaman e Quamruzzaman (2009), Kumari *et al.* (2013), Lakkundi (2013), Bhanuje e Raikar (2016) e Sharma *et al.* (2018) (Fig.5.5).

A germinação da semente, o comprimento da raiz, o comprimento do rebento, o comprimento da plântula, o peso fresco da plântula, o peso seco da plântula, o índice de vigor da plântula-I, o índice de vigor da plântula-II apresentaram diferenças significativas devido às posições do fruto. A posição de fruto C1 registou uma germinação de sementes significativamente mais elevada (84,83 %), comprimento da raiz (4,92 cm), comprimento do rebento (6,86 cm), comprimento da plântula (11,78 cm), peso fresco da plântula (0,937 g), peso seco da plântula (0,154 g), índice de vigor da plântula-I (999,28), índice de vigor da plântula-II (13,06), seguida das posições de fruto C2 (frutos nascidos em 4-8 nós) e C4 (frutos nascidos em 1-8 nós). Resultados semelhantes foram também registados por Reddy *et al.* (1997), Bhatt e Srinivasa Rao (1998), Rao *et al.* (2004), Verma *et al.* (2004), Yadav e Dhankhar (2001), Moniruzzaman e Quamruzzaman (2009), Nabi *et al.* (2009), Hedau *et al.* (2010), Francis e Opondo (2011), Kumari *et al.* (2013), Lakkundi (2013) e Sharma *et al.* (2018) em quiabo (Fig.5.6 a 5.8).

Isso pode ser atribuído à razão de que os frutos da posição inferior permaneceram na planta por um período mais longo e, portanto, absorveram mais nutrientes e minerais que vão diminuindo em direção ao topo da planta, resultando em menor peso de sementes, vigor e viabilidade reduzidos nas sementes dos frutos da posição superior. A percentagem de germinação mais baixa nas sementes dos frutos da posição superior pode também dever-se a uma maturação deficiente e a sementes murchas afectadas por insectos em períodos posteriores à colheita. As sementes obtidas dos frutos das posições inferior e média apresentaram melhor vigor e viabilidade em comparação com as sementes dos frutos da posição superior. Resultados semelhantes foram também registados por Gill (1969).

Nas plantas de quiabeiro, as flores e os frutos desenvolvem-se individualmente em cada nó. Além disso, a presença de um fruto em desenvolvimento num nó tende a inibir a floração e a frutificação

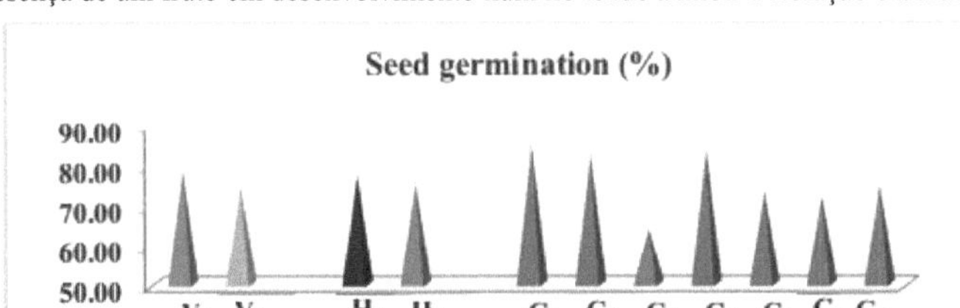

Fig. 5.6: Efeito da posição do fruto e da carga de retenção do fruto na germinação das sementes (%) de quiabo

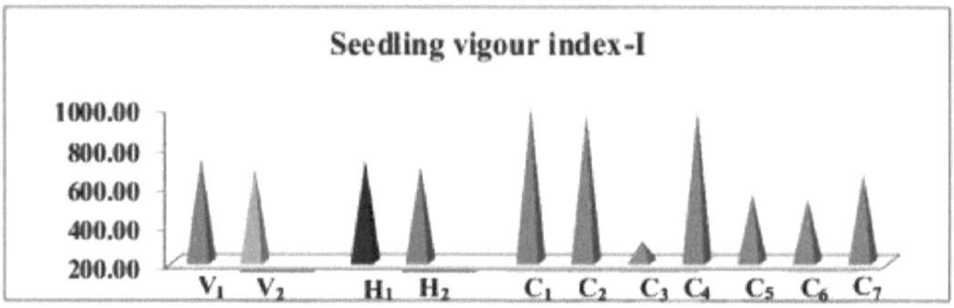

Fig. 5.7: Efeito da posição do fruto e da carga de retenção do fruto no índice de vigor das plântulas - I do quiabeiro

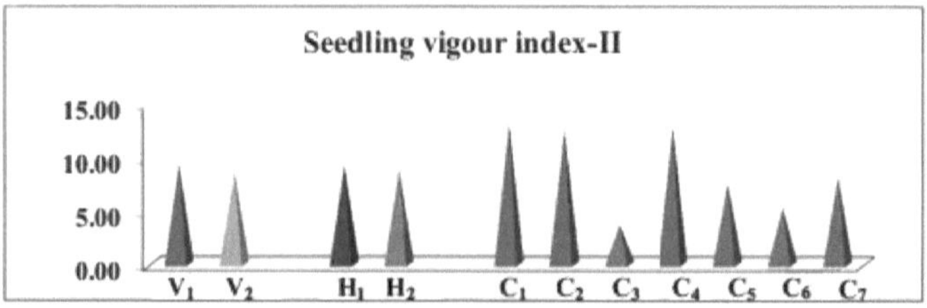

Fig. 5.8: Efeito da posição do fruto e da carga de retenção do fruto no índice de vigor das plântulas- II do quiabeiro

vi: GJO-3, **v2:** GAO-5

H_1 : Retenção dos frutos que nascem em nós diferentes para a produção de sementes,

H_2 : Retenção de todos os frutos

C_1 : De frutos nascidos em 1-3 nós, **C_2** : De frutos nascidos em 4-8 nós, **C_3** : De frutos nascidos acima de 8 nósth , **C_4** : De frutos nascidos em 1-8 nós, **C_5** : De frutos nascidos em 1-3 nós e acima de 8 nósth , c6: De frutos nascidos acima de 4 nósth , c7: Do crescimento de todos os frutos no nó seguinte (Bhatt e Srinivasa Rao, 1993). Na cultura de sementes, os frutos crescem até à maturidade na planta e, portanto, o efeito da carga de frutos na produção de frutos de sementes é maior do que na cultura de frutos frescos. Os frutos em desenvolvimento actuam como sumidouros que influenciam o crescimento da planta. A manipulação destes sumidouros através da colheita de frutos imaturos altera constantemente o equilíbrio entre a oferta e a procura de assimilados dentro da planta e, por sua vez, influencia os processos fisiológicos como o crescimento e o desenvolvimento (Bhatt e Srinivasa Rao, 1993). A colheita regular parece aumentar a atividade da fonte de fotoassimilados (folhas), atrasa a senescência das folhas e aumenta a fotassimilação. Paralelamente, o número total de vagens formadas aumenta (Natraj *et al.* 1992; Bhatt e Srinivasa Rao 1993 e Rashid 1999), embora a magnitude deste aumento varie entre cultivares (Bhatt e Srinivasa Rao, 1997). A colheita de frutos verdes favorece o crescimento vegetativo, as caraterísticas dos frutos e, em última análise, a qualidade das sementes de quiabo (Velumani e Ramaswamy 1980; Khan e Jaiswal 1988 e Singh *et al.* 1999)

5.5 Efeitos de interação

5.5.1 Efeito de interação variedades (V) x retenção de frutos (H)

O efeito de interação das variedades e da retenção de frutos para a altura da planta na colheita final, comprimento do fruto, número de sementes por fruto, peso de cem sementes e produção de sementes por planta foi significativo. Comparativamente, a maior altura da planta na colheita final (106,61 cm) e o maior comprimento do fruto (17,16 cm) foram registados na V2H1. O número máximo de sementes por fruto (51,64), o peso de cem sementes (7,06 g) e a produção de sementes por planta (16,79 g) foram registados em V1H1. Significativamente, a altura mínima da planta na colheita final (85,68 cm) e o comprimento do fruto (12,91 cm) foram registados em v1H2. O número mais baixo de sementes por fruto (40,71), o peso de cem sementes (4,96 g) e a produção de sementes por planta (13,25 g) foram registados em V2H2.

O efeito da interação variedades (V) x retenção de frutos (H) foi considerado não significativo para a percentagem de emergência no campo, dias para o início da floração, altura da planta aos 30 DAS, germinação de sementes, comprimento da raiz, comprimento do rebento, comprimento da plântula, peso fresco da plântula, peso seco da plântula, índice de vigor da plântula-I, índice de vigor da plântula-II e teor de humidade da semente.

5.5.2 Efeito de interação variedades (V) x colheita de sementes de diferentes posições do fruto (C)

O efeito de interação das variedades e da recolha de sementes de diferentes posições do fruto para a altura da planta na colheita final, comprimento do fruto, número de sementes por fruto, peso de cem sementes e produção de sementes por planta foi considerado significativo. Comparativamente, a altura máxima da planta na colheita final (110,53 cm) foi registada em V2C5, o maior comprimento de fruto (18,49 cm) foi registado em V2C1, o número máximo de sementes por fruto (57,57) e o peso de cem sementes (7,19 g) foram observados em V1C1 e o maior rendimento de sementes por planta (24,51 g) foi registado em V1C7. Significativamente, a altura mínima da planta na colheita final (86,51 cm) e o comprimento do fruto (11,93 cm) foram observados em V1C7. O número mais baixo de sementes por fruto (34,68), o peso de cem sementes (4,89 g) e a produção de sementes por planta (9,26 g) foram registados em V2C3.

O efeito da interação variedades (V) x colheita de sementes de diferentes posições do fruto (C) foi considerado não significativo para a percentagem de emergência no campo, dias para o início da floração, altura da planta aos 30 DAS, germinação de sementes, comprimento da raiz, comprimento do rebento, comprimento da plântula, peso fresco da plântula, peso seco da plântula, índice de vigor da plântula-I, índice de vigor da plântula-II e teor de humidade da semente.

5.5.3 Efeito da interação retenção de frutos (H) x recolha de sementes em diferentes posições dos frutos (C)

O efeito da interação retenção de frutos x recolha de sementes de diferentes posições de frutos para a altura da planta na colheita final, comprimento do fruto, número de sementes por fruto, peso de cem sementes e produção de sementes por planta foi significativo. Em comparação, a altura máxima da planta na colheita final (103,82 cm) foi registada em H1C4, o maior comprimento do fruto (16,54 cm) foi registado em H2C1, o número máximo de sementes por fruto (53,93) foi colhido em H1C4, o maior peso de cem sementes (7,13 g) foi registado em H1C1 e o maior rendimento de sementes por planta (22,97 g) foi observado em H1C7. Significativamente, a altura mínima da planta na colheita final (88,84 cm) foi registada em H2C6. O menor comprimento de fruto (11,63 cm) foi registado em H2C7. O número mínimo de sementes por fruto (34,45), o peso de cem sementes (4,94 g) e a produção de sementes por planta (9,70 g) foram registados em H2C3 (Fig. 5.9 a 5.13).

O efeito da interação retenção de frutos (H) x recolha de sementes em diferentes posições dos frutos (C) foi considerado não significativo para a percentagem de emergência no campo, dias até

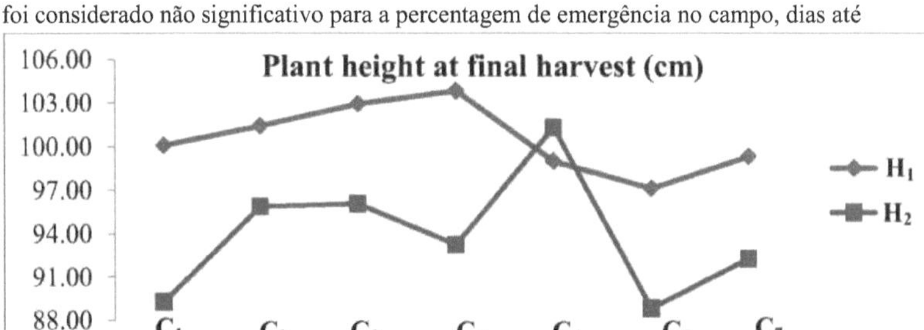

Fig. 5.9: Efeito da interação entre a retenção de frutos e a recolha de sementes de diferentes posições dos frutos na altura da planta na colheita final (cm) em quiabeiro

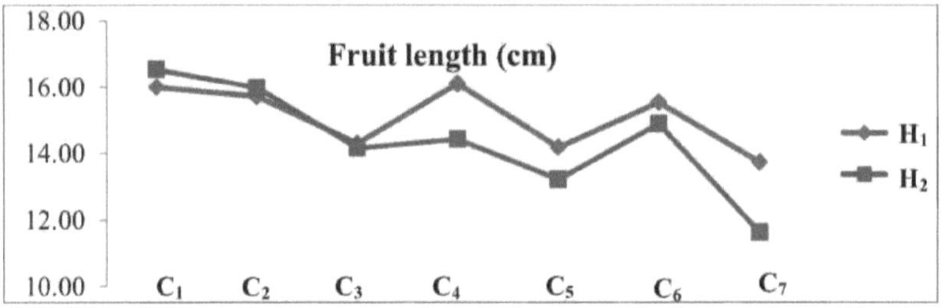

Fig. 5.10: Efeito da interação entre a retenção de frutos e a recolha de sementes de diferentes posições do fruto no comprimento do fruto (cm) do quiabeiro

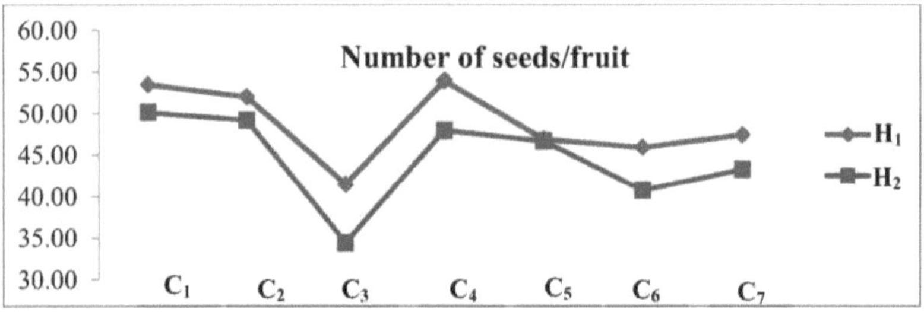

Fig. 5.11: Efeito da interação entre a retenção dos frutos e a recolha de sementes em diferentes posições dos frutos no número de sementes por fruto do quiabeiro

H_1 : Retenção dos frutos que nascem em nós diferentes para a produção de sementes,
H_2: Retenção de todos os frutos
C_1: De frutos que nascem em 1-3 nós, C_2: De frutos que nascem em 4-8 nós,
C_3 : De frutos gerados em mais de 8 nós[th] , C_4 : De frutos gerados em 1-8 nós, C_5: De frutos gerados em 1-3 nós e acima de 8th nós, C_6: De frutos gerados acima de 4th nós, C_7: De todos os frutos

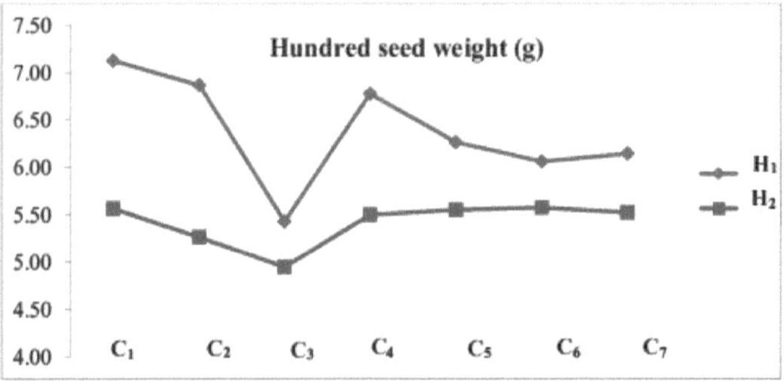

Fig. 5.12: Efeito da interação entre a retenção do fruto e a recolha de sementes de diferentes posições do fruto no peso de cem sementes (g) de quiabo

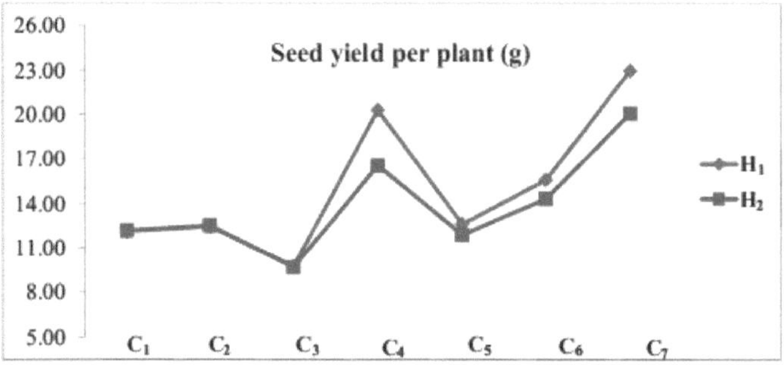

Fig. 5.13: Efeito da interação entre a retenção de frutos e a recolha de sementes de diferentes posições dos frutos na produção de sementes por planta (cm) em quiabeiro

H_1 : Retenção de frutos nascidos em nós diferentes para fins de semente,
H_2: Retenção de todos os frutos
C_1: De frutos produzidos em 1-3 nós, C_2: De frutos nascidos em 4-8 nós, C_3 : De frutos nascidos acima de 8 nósth , C_4 : De frutos nascidos em 1-8 nós, C_5 : De frutos nascidos em 1-3 nós e acima de 8 nósth , C_6 : De frutos nascidos acima de 4 nósth , C_7 : De todos os frutos

início da floração, altura da planta aos 30 DAS, germinação da semente, comprimento da raiz, comprimento do rebento, comprimento da plântula, peso fresco da plântula, peso seco da plântula, índice de vigor da plântula-I, índice de vigor da plântula-II e teor de humidade da semente.

5.5.4 Efeito de interação variedades (V) x retenção de frutos (H) x colheita de sementes de diferentes posições dos frutos (C)

O efeito da interação variedades x retenção de frutos x recolha de sementes de diferentes posições dos frutos para a altura da planta na colheita final, comprimento do fruto, número de sementes por fruto, peso de cem sementes e produção de sementes por planta foi significativo. No entanto, comparativamente, a altura máxima da planta na colheita final (116,27 cm) foi registada em T26 (V2H2C5) e o comprimento máximo do fruto (19,03 cm) foi observado em T18 (V2H1C4). O número máximo de sementes por fruto (59,27) e o peso de cem sementes (8,04 g) foram registados em T1 (V1H1C1). O rendimento máximo de sementes por planta (26,37 g) foi registado em T7 (V1H1C7). A altura mínima da planta na colheita final (81,39 cm) foi registada em T8 (V1H2C1). O menor comprimento de fruto (11,63 cm) foi registado em T14 (V1H2C7) e T28 (V2H2C7). O número mínimo de sementes por fruto (31,57), o peso de cem sementes (4,29 g) e a produção de sementes por planta (9,15 g) foram registados em T24 (V2H2C3).

O efeito da interação variedades (V) x retenção de frutos (H) x recolha de sementes de diferentes posições de frutos (C) não foi significativo para a percentagem de emergência no campo, dias para o início da floração, altura da planta aos 30 DAS, germinação de sementes, comprimento da raiz, comprimento do rebento, comprimento da plântula, peso fresco da plântula, peso seco da plântula, índice de vigor da plântula-I, índice de vigor da plântula-II e teor de humidade da semente.

CAPÍTULO-VI

RESUMO E CONCLUSÃO

O estudo intitulado **"Efeito da posição do fruto e da carga de retenção de frutos na produção de sementes e parâmetros de qualidade de sementes em quiabo [*Abelmoschus esculentus* (L.) Moench]"** foi realizado durante o *verão* de 2018 na Fazenda Sagdividi, Departamento de Ciência e Tecnologia de Sementes, Faculdade de Agricultura, Universidade Agrícola de Junagadh, Junagadh. O experimento consistiu em três fatores, primeiro fator variedades de quiabo, ou seja, GJO-3 e GAO-5, segundo fator carga de retenção de frutos, ou seja Retenção de frutos nascidos em diferentes nós para fins de semente e Retenção de todos os frutos e terceiro fator recolha de sementes de diferentes posições dos frutos, frutos nascidos em 1-3 nós (c1), frutos nascidos em 4-8 nós (c2), frutos nascidos acima de 8th nós (c3), frutos nascidos em 1-8 nós (c4), frutos nascidos em 1-3 nós e acima de 8th nós (c5), frutos nascidos acima de 4th nós (c6) e todos os frutos (c7). Os caracteres: emergência no campo (%), dias para o início da floração, altura da planta aos 30 DAS (cm), altura da planta na colheita final (cm), comprimento do fruto (cm), número de sementes por fruto, peso de cem sementes (g) e rendimento de sementes por planta (g) foram registados no campo e analisados utilizando um desenho de blocos aleatórios (Fatorial) com três repetições, de acordo com o método sugerido por Cochran e Cox (1957).

A observação laboratorial dos parâmetros de qualidade das sementes objeto do estudo foi efectuada no laboratório do Departamento de Ciência e Tecnologia das Sementes, Faculdade de Agricultura, Universidade Agrícola de Junagadh, Junagadh. Os caracteres, a *saber,* germinação da semente (%), comprimento da raiz (cm), comprimento do rebento (cm), comprimento da plântula (cm), peso fresco da plântula (g), peso seco da plântula (g), índice de vigor da plântula-I, índice de vigor da plântula-II e teor de humidade da semente (%), foram analisados através de um desenho completamente aleatório (Fatorial), de acordo com o método sugerido por Cochran e Cox (1957). Os resultados apresentados e discutidos no capítulo anterior são resumidos a seguir.

Os resultados obtidos nos capítulos anteriores são aqui resumidos,

6.1 Efeito das variedades

A influência varietal foi observada no rendimento e nas caraterísticas relacionadas. A variedade GAO-5 registou valores mais elevados para a altura da planta na colheita final e para o comprimento do fruto. Enquanto que

A variedade GJO-3 obteve valores comparativamente mais elevados para dias até ao início da floração, altura da planta aos 30 DAS, número de sementes por fruto, peso de cem sementes e rendimento de sementes por planta.

Em condições laboratoriais, a variedade GJO-3 registou a maior germinação de sementes, comprimento da raiz, comprimento do rebento, comprimento da plântula, peso fresco da plântula, peso seco da plântula, índice de vigor da plântula-I e índice de vigor da plântula-II.

6.2 Efeito da retenção de frutos (H)

Verificou-se que a retenção de frutos foi significativamente máxima e mínima em termos de altura da planta na colheita final, comprimento do fruto, número de sementes por fruto, peso de cem sementes e produção de sementes por planta, na retenção de frutos nascidos em nós diferentes para fins de semente e retenção de todos os frutos, respetivamente.

Em condições laboratoriais, a retenção de frutos nascidos em diferentes nós para fins de semente registou uma germinação de sementes significativamente mais elevada, comprimento da raiz, comprimento do rebento, comprimento da plântula, peso fresco da plântula, peso seco da plântula, índice de vigor da plântula-I e índice de vigor da plântula-II em comparação com a retenção de todos os frutos.

6.3 Efeito da recolha de sementes em diferentes posições do fruto (C)

A colheita de sementes de frutos com 1-3 nós registou um comprimento máximo do fruto, número de sementes por fruto e peso de cem sementes, seguido da colheita de sementes de frutos com 4-8 nós e da colheita de sementes de frutos com 1-8 nós. Por outro lado, o comprimento do fruto é significativamente mais baixo quando se recolhem sementes de todos os frutos. A recolha de sementes de frutos com mais de 8 nósth registou um número mínimo de sementes por fruto e peso de cem sementes.

A altura máxima da planta na colheita final foi registada na colheita de sementes de frutos com 1-3 nós e acima de 8th nós, seguida da colheita de sementes de frutos com mais de 8th nós, da colheita de sementes de frutos com 1-3 nós e da colheita de sementes de frutos com 1-8 nós, todas iguais à colheita de sementes de frutos com 1-3 nós e acima de 8th nós.

A altura mínima da planta na colheita final foi registada na posição do fruto, com a recolha de sementes de frutos com mais de 4 nósth .

A recolha de sementes de todos os frutos registou uma produção de sementes significativamente mais elevada por planta, seguida da recolha de sementes de frutos com 1-8 nós e da recolha de sementes de frutos com mais de 4 nósth . Enquanto que a recolha de sementes de frutos com mais de 8th nós registou significativamente a menor produção de sementes por planta.

Em condições laboratoriais, a colheita de sementes de frutos com 1-3 nós registou uma percentagem de germinação de sementes significativamente máxima, comprimento da raiz, comprimento do rebento, comprimento da plântula, peso fresco da plântula, peso seco da plântula, índice de vigor da plântula-I e índice de vigor da plântula-II, seguido da colheita de sementes de frutos com 4-8 nós e da colheita de sementes de frutos com 1-8 nós. Enquanto que a colheita de sementes de frutos com mais de 8th nós registou uma percentagem de germinação de sementes, comprimento da raiz, comprimento do rebento, comprimento da plântula, peso fresco da plântula, peso seco da plântula, índice de vigor da plântula-I e índice de vigor da plântula-II significativamente mais baixos.

6.4 Efeitos de interação

Todas as interações, ou seja, efeito de interação variedades (V) x retenção de frutos (H), efeito de interação variedades (V) x recolha de sementes de diferentes posições de frutos (C), efeito de interação retenção de frutos (H) x recolha de sementes de diferentes posições de frutos (C) e efeito de interação variedades (V) x retenção de frutos (H) x recolha de sementes de diferentes posições de frutos (C) para a altura da planta na colheita final, comprimento do fruto, número de sementes por fruto, peso de cem sementes e rendimento de sementes por planta foram considerados significativos.

Todas as interações, ou seja efeito de interação variedades (V) x retenção de frutos (H), efeito de interação variedades (V) x colheita de sementes de diferentes posições de frutos (C), efeito de interação retenção de frutos (H) x colheita de sementes de diferentes posições de frutos (C) e efeito de interação variedades (V) x retenção de frutos (H) x colheita de sementes de diferentes posições de frutos (C) foram consideradas não significativas para a percentagem de emergência no campo, dias para o início da floração, altura da planta aos 30 DAS, percentagem de germinação da semente, comprimento da raiz, comprimento do rebento, comprimento da plântula, peso fresco da plântula, peso seco da plântula, índice de vigor da plântula-I, índice de vigor da plântula-II e teor de humidade da semente.

Em termos gerais, o presente inquérito permite tirar as seguintes conclusões:

1. A variedade GJO-3 registou o máximo de dias para o início da floração, altura da planta aos 30 DAS, número de sementes por fruto, peso de cem sementes, produção de sementes por planta, percentagem de germinação de sementes, comprimento da raiz, comprimento do rebento, comprimento da plântula, peso fresco da plântula, peso seco da plântula, índice de vigor da plântula-I, índice de vigor da plântula-II. Enquanto a variedade GAO-5 registou a altura máxima da planta na colheita final e o comprimento do fruto.
2. A retenção de frutos nascidos em diferentes nós para fins de semente registou o comprimento máximo do fruto, o número de sementes por fruto, o peso de cem sementes, a produção de sementes por planta, a percentagem de germinação de sementes, o comprimento da raiz, o comprimento do rebento, o comprimento da plântula, o peso fresco da plântula, o peso seco da plântula, o índice de

vigor da plântula-I, o índice de vigor da plântula-II.

3. O número máximo de sementes por fruto foi obtido a partir de sementes colhidas de frutos com 1-3 nós, seguido de sementes colhidas de frutos com 1-8 nós e frutos com 4-8 nós.
4. A colheita de sementes de frutos com 1-3 nós registou um peso máximo de cem sementes, seguido de sementes colhidas de frutos com 1-8 nós e frutos com 4-8 nós.
5. A colheita de sementes de todos os frutos registou uma produção de sementes por planta significativamente mais elevada, seguida das sementes colhidas de frutos nascidos em 1-8 nós e de frutos nascidos em mais de 4th nós.
6. A colheita de sementes de frutos com 1-3 nós registou significativamente o comprimento máximo do fruto, a percentagem de germinação de sementes, o comprimento da raiz, o comprimento do rebento, o comprimento da plântula, o peso fresco da plântula, o peso seco da plântula, o índice de vigor da plântula-I e o índice de vigor da plântula-II, seguidos pela colheita de sementes de frutos com 4-8 nós e frutos com 1-8 nós. A altura máxima da planta na colheita final foi registada na colheita de sementes de frutos nascidos em 1-3 nós e acima de 8th nós.

Abdul-Baki, A. A. e Anderson, J. D. (1973). Determinação do vigor em sementes de soja por critérios múltiplos. *J. Crop Sci.*, **13**(2): 630-633.
Alpuerto, V. V. (1987). Efeito da posição do fruto e da carga de frutos por cacho na qualidade da semente na produção de sementes de tomate de polinização aberta [Taiwan]. *J. Crop Sci.*, **20**(1): 125-128.
Anónimo, (1999). International Rules for Seed Testing. *Seed Sci. Tech.*, **27**: 25-30.
Anónimo, (2017). Base de dados de horticultura indiana. Departamento de Agricultura e Cooperação. (www.nhb.gov.in) acedido em 01 Fev., 2018.
Berry, S. K.; Kalra, C. L. e Schyal, R. C. (1988). Caraterísticas de qualidade das sementes de cinco cultivares de quiabo (*Abelmoschus esculentus* L. Moench). *J. Food Sci. Tech.,* **25**:303
Bertin, N. (1995). A competição por assimilados e a posição do fruto afectam a frutificação no tomateiro indeterminado de estufa. *Ann. Bot.*, **75**(1): 55-65.
Bertin, N.; Gary, C.; Tchamitchian, M.; e Vaissiere, B. E. (1998). Influência da cultivar, da posição do fruto e do teor de sementes no peso do fruto do tomateiro durante um ciclo de cultivo sob baixa e alta competição por assimilados. *J. Hort. Sci. & Biotech.*, **73**(4): 541-548.
Bhanuje, T. e Raikar, S.D. (2016). Influência da carga de frutos e da colheita de frutos verdes na qualidade das sementes de brinjal. *Res. Environ. Life Sci.*, **9**(11): 1313-1315.
Bharat, M. D.; Pandey, S. A. e Sharma, R. J. (1997). Efeito da colheita de frutos verdes e das fases de colheita na produção de sementes de quiabo. *Veg. Sci.,* **24**(1): 12-16.
Bhatt, R.M. e Srinivasa Rao, N. K. (1993). Photosynthesis and dry matter distribution as influenced by reproductive sink manipulation in okra (*Abelmoschus esculentus* L.). *Ind. J. Pl. Physiol.*, 36: 25-27.
Bhatt, R. M. e Srinivasa Rao, N. K. (1997). Relação fonte-dreno no quiabo (*Abelmoschus esculentus* L.). Biologia Plantarum, **39**(2): 223-228.
Bhatt, R. M. e Srinivasa Rao, N. K. (1998). Resposta da germinação à posição do fruto e à temperatura no quiabeiro (*Abelmoschus esculentus* L.). *Ind. J. Hort.*, **55**(2): 372-378.
Bhatt, R. M. e Srinivasa Rao, N. K. (2003). Influência da excisão das folhas na fotossíntese, na fixação das sementes e no rendimento do quiabeiro (*Abelmoschus esculentus* L.). *Ind. J. Plant Physiol*, **8**(4): 345-348.
Bhatt, R. M. e Srinivasa Rao, N. K. (2005). Influência da carga de vagens na resposta do quiabeiro ao stress hídrico. *Ind. J. Pl. Physiol.*, **10**(1): 54-59.
Boquet, D.J. e Moser, E. B. (2003). Retenção da cápsula e tamanho da cápsula entre os locais de frutificação intra-simpodial no algodão. *Crop Science*, **43**(2): 195-201. http://dx.doi.org/10.2135/cropsci2003.1950
Charrier, A. (1984). Recursos genéticos do género *Abelmoschus* Med. (quiabo). IBPGR, Roma.
Cheplick, G. P. e Sung, L. Y. (1998). Efeito do ambiente nutritivo materno e da posição de maturação no heteromorfismo de sementes, geração e crescimento de plântulas em Triplesis purpurea (Poacea). *Int. J. pl. Sci.,* **159**(4): 338-350.
Chevalier, A. (1940). L'origine, la culture et les usages de cinq Hibiscus de la secion Abelmoschus. Rev. Bot. Appl. 20: 319-328, 402-419.
Cochran, W. G. e Cox, G. M. (1957). *Experimental Designs*, 2nd edition. Wiley, Nova Iorque.
Deshmukh, S. N. e Tayde, G. S. (1986). Rendimento e qualidade da semente de quiabo afectados pelo número de frutos. *PKV Res. J.,* **10**(1): 66-68.
Elena, C. C.; Mireia, C.; Alfonso, M.; Dolores, H,; Stinco, C. M. e Antonio J. (2017). Efeito da posição do fruto no cacho na qualidade do fruto, carotenóides, fenólicos e açúcares em tomates cereja (*Solanum lycopersicum* L.). *Food Res. Int.*, **100**(5): 804-813.
Francis, B. O. e Opondo, K. (2011). Influência do método de secagem e da posição do fruto na planta-mãe sobre a qualidade da semente de morfotipos de planta-aranha (*Cleome gynandra* L.) do Quénia

Ocidental. *Adv. in Apl. Sci. Res.*, **2**(3): 74-83.

Getzin, L. W. (1983). Danos causados à inflorescência de plantas de couve pelo percevejo pálido (*Heteroptera miridae*). *J. Econ. Entom.* **76**(4): 1083-85.

Gicuta, S. (2015). Correlação entre a posição do fruto na planta e índices de qualidade de sementes de pimentão verde *(Capsicum annuum* L.*)*. Boletim UASVM Horticultura **72**(2).

Gill, N. S. (1969). Deterioration of corn seed in storage, *Tese de Doutoramento*, Universidade Estatal do Mississipi, Mississipi, Estado, Mississipi.

Grewal, B. S.; Nandpuri, K. S. e Kumar, J. C. (1972). Efeito da data de sementeira, espaçamento e colheita da vagem verde na produção de sementes de quiabo. *Punjab Hort. J.*, **12**(2): 248-254.

Grubben, G. J. H. (1977). Tropical vegetables and their genetic resources. *International Board for Plant Genetic Resources*, Roma, FAO. 197.

Hafiz, S. M.; Nazima, B.; Iqbal, Z.; Hasan, E. U. e Mahmood, T. (2015). Efeito da posição do fruto e da temperatura variável na composição química das sementes em culturas de brássicas, algodão, girassol e milho. *Researcher* **7**(11). ou http://www.sciencepub.net/researcher.

Hedau, N.K.; Singh, G.; Mahajan, V.; Singh, S.R.K. e Gahlain, A. (2010). Qualidade e vigor da semente em relação à posição nodal e à fase de colheita do quiabo em colinas médias do noroeste dos Himalaias. *Ind. J. Hort.*, **67**(Special Issue): 251-253.

Hochreutimer, B. P. G. (1924). Centros de origem da família Malvaceae. *Cand.*, **2**(1): 79.

Ibrahim, H e Oladiran, J. A. (2011). Efeito da idade do fruto e da posição na planta-mãe no crescimento do fruto e na qualidade da semente do quiabo (*Abelmoschus esculentus* L. Moench). *Int. J. Sci. and nature. J. S. N.*, **2**(3): 587-592.

Kazem, G.; Ramin, L. e Norouzi, M. (2012). Qualidade da semente de cultivares de soja afetada pela posição da vagem e estresse hídrico nos estágios reprodutivos. *Int. J. planta, animal e Env. Sci.*, **2**(2): 241-245.

Khan, A. R. e Jaiswal, R. C. (1988). Efeito do azoto, do espaçamento e da colheita de frutos verdes na produção de sementes de quiabo [*Abelmoschus esculentus* (L.) Moench]. *Veg. Sci.*, **15**(1): 8-14.

Kortse, P. A. e Oketa, A. (2016). Efeito da data de plantação e da posição do fruto na planta-mãe sobre a qualidade das sementes de quiabo (*Abelmoschus esculentus* L. Moench). *J. of Biol., Agril. and Healthcare.*, **6**(2): 112-115.

Kumari, S.; Singh, S. P. e Kumar, D. (2013). Efeito do número de frutos no rendimento e na qualidade das sementes de quiabo [*Abelmoschus esculentus* L. Moench]. *Asi. J. Hort.*, **8**(1): 106-109.

Kundu, B. C. e Biswas, C. (1973). Caracteres anatómicos para distinguir *Abelmoschus* spp. e *Hibiscus* spp. *Ind. Sci. Cong.*, **60**(2): 295-298.

Lakkundi, B. S. (2013). *Efeito da posição do fruto e da carga de retenção do fruto no rendimento e na qualidade das sementes e tratamentos de revigoramento das sementes na qualidade das sementes de quiabo* [*abelmoschus esculentus* (L.) Moench]. (*Tese de doutoramento*, Univ. Agric. Sci., Dharwad, Karnataka, Índia).

Lamont, W. J. (1999). Quiabo - Uma cultura hortícola versátil. *Hort. Technol.*, **9**(2): 179184.

Madalageri, S. (1979). Um estudo comparativo de clusterbean como cultura de grãos e vegetais. *Madras Agric. J.*, **51**:8-12.

Malik, Y. S. ; Narendra Singh ; Nehra, B. K. ; Khurana, S. C. e Dahiya, M. S. (2000). A qualidade da semente de quiabo é influenciada pela posição da vagem na planta-mãe, pela fase de maturação da vagem e pelas condições de armazenamento ambiente. Haryana J. Hort. Sci., **29**(3/4): 229-232. ref.7

Mohamed, M. Sh.; Ahmed H. M. I. e Anisa I. I. (2016). Rendimento e qualidade das sementes de quiabo (*Abelmoschus esculentus* L. Moench) influenciados pelas datas de sementeira, data de colheita e posição das vagens. *J. Plant Production, Mansoura Univ.*, **7**(11): 1137 -1145.

Mohammadi, G.; Khah, E.; Petropoulos, S. A. e Chachalis, D. (2015). O efeito da carga de frutas nas caraterísticas da vagem e da semente do quiabo. *Tom.* **XXII**(1): 26-32.

Mohsen, N.; Moussavi N.; Mahdi B.; Abolfazl, K. S. e Tavassoli, B. (2012). Efeitos da posição da semente na planta parental sobre o peso da semente e o teor de nutrientes do grão de trigo (*Triticum aestivum*) em diferentes genótipos. *Ann. Bio. Res.*, **3**(1): 534-542.

Moniruzzaman, M. e Quamruzzaman A.K.M. (2009). Efeito dos níveis de azoto e da colheita de frutos verdes na produção de frutos e sementes de quiabo (*Abelmoschus esculentus* L. Moench). *J Agric Rural Dev.* **7**(1&2): 99-106.

Moravcova, L.; Perglova, L.; Pysek, P.; Jitech, V. e Pergl, J. (2005). Efeito da posição do fruto na massa do fruto e na germinação de sementes na espécie exótica (*Heracleum mantegazzianum*) *Act. Oeco.*, **28**(1): 1-10.

Nabi, A.; Sharma, S. K. e Shukla, Y. R. (2009a). Effect of fruit load on seed yield and quality of okra. Annals of Biology, **25**(2): 147-149. ref.3

Nabi, A.; Sharma, S. K. e Shukla, Y. R. (2009b). Correlação do vigor das sementes afetado pela carga de frutos. *Annals of Agri. Bio Research*, **14**(1): 59-61.

Nabi, A.; Sharma, S. K. e Shukla, Y. R. (2010). Efeito da carga de frutos nos caracteres morfológicos e no rendimento do quiabeiro. *Annals of Agri. Bio Res.,* **15**(1): 17-19.

Narayan, S.; Ahmed, N.; Shahnaz, M.; Afroza, B.; Seema, R. e Hussain, K. (2009). Efeito da carga de frutos na qualidade e na produção de sementes de quiabo (*Abelmoschus esculentus* L. Moench.) em condições temperadas do vale de Caxemira. *A. J. of Hort.,* **4**(1): 57-58.

Nataraj, S. E. (1988). *Efeito dos níveis de azoto e da colheita de frutos verdes na produção e qualidade das sementes de quiabo* (*Abelmoschus esculentus* L. Moench). *Tese de Mestrado (Agri),* Univ. Agric. Sci., Dharwad, Karnataka (Índia).

Nataraj, S. E.; Kulkarni, G. N.; Vyakaranahai, B. S. e Shasidhara, S. D. (1992). Effect of nitrogen levels and picking fresh fruits on seed quality of okra [*Abelmoschus esculentus* (L.)Moench]. *Ka. J. Agri. Sci.*, **5**(1): 51-53.

Pandey, U. C.; Pandita, M. L.; Lal, S. e Singh, K. (1976). Efeito dos espaçamentos e da colheita de frutos verdes na produção de sementes de quiabo (*Abelmoschus esculentus* L. Moench). *Veg. Sci.*, **3**(2): 97-102.

Pascual, B.; Bautista, S.; Ferreros, N.; Lopez-Galarza, S. e Maroto, J.V. (2003). Análise da germinação de sementes de alcaparra influenciada pela posição do fruto na planta-mãe, estádio de maturação do fruto e peso do fruto. *J. Hort. Sci. & Biotech.*, **78**(1): 73-78.

Prabhakar, R. S.; Hegde, D. M.; Srinivas, K. e Doijode, S. D. (2003). Qualidade da semente e produtividade do quiabo em relação à posição nodal da vagem. *Sou. Ind. Hort. J.*, **23**(1): 115-118.

Rao, R. G. S.; Singh, P M.; Singh, B.; Pandey, A. K. e Mathura R. (2004). Germinabilidade e vigor das sementes influenciados pela posição do fruto, estação do ano e separação por gravidade no quiabo (*Abelmoschus esculentus* L. Moench). *Veg. Sci.*, **31**(1): 2-4.

Rashid, M. M. (1999). "Shabjibiggayan (em bengali)". Rashid publishing House, 94, Old DOHS, Dhaka-1206. pp. 49.

Reddy, D.M.V.; Chandrashekara, B.P. e Chandrashekara, R. (1997). Efeito do pinçamento apical e do desbaste de frutos no rendimento e na qualidade das sementes de quiabo. *Seed Res.*, **25**:41-44.

Sankar, Y. S. e Mani, A. (2015). Estudos sobre parâmetros de qualidade de sementes de quiabo (*Abelmoschus esculentus* L.). *J. Agric. Technol.,* **2**(1&2): 79-83.

Sankar, Y. S.; Chaurasia, N.; Chaurasia, A. K.; Kumar, A. e Rai, P. K. (2015). Estudos sobre os parâmetros de qualidade das sementes de quiabo (*Abelmoschus esculentus). Int. J. Eme. Tech. Adv. Eng.,* **5**(7): 513-517.

Schippers, R. R. (2000). Uma visão geral das espécies cultivadas. *African indigenous vegetable,* 103-118.

Setubal, J.; Zanin, A. e Nakagawa, J. (1994). Efeitos dos métodos de colheita e da posição do fruto na planta sobre a ocorrência de sementes duras em quiabeiro (Abelmoschus esculentus (L.) Moench). *Scientia Agricola*, **51**(3): 490-493. https://doi.org/10.1590/S0103-90161994000300019

Sharma, B. R. e Arora, S. K. (1993). Melhoramento do quiabo. Avanços em Horticultura. Vol.5. Culturas hortícolas Parte I. (Eds.) Chadha, K. L. and Kallo, G., Malhothra Publishing House, New Delhi. 343-364.

Sharma, S. K.; Sachan, C. P.; Maurya, C. L.; Chaudhary, U. S. e Singh, P. (2018). Rendimento de sementes e caraterísticas que contribuem para o rendimento do quiabo, conforme influenciado pelas posições dos frutos e cargas de retenção de frutos. *Int. J. Curr. Microbiol. App. Sci.*, **7**(9): 3026-3031.

Sharma, S. K.; Sachan, C. P.; Maurya, C. L.; Singh, P.; Kumar, A. e Kumar, A. (2018). Influência das posições dos frutos e das cargas de retenção de frutos nos parâmetros de qualidade das sementes de quiabo. *J. Pharmacognosy and Phytochemistry*. **7**(5): 885-888.

Singh, D. K. e Gulshan Lal, Jain, S. K. (1999). Resposta de bioreguladores de plantas e alimentação foliar de ureia na produção de sementes de quiabo cv. Pusa sawani durante a estação primavera verão. *Sci. Horti.*, **6**(2): 121-124.

Singh, B.; Tiwari, S. K.; Sanwal, S. K. e Pandey, P. K. (2011). Instituto Indiano de Investigação Vegetal, saco postal n.º 1, posto de correio Jakhini (Shahanshahpur), Varanasi-221305 U.P.

Terell, E. E. e Winters, H. F. (1974). Alteração dos nomes científicos de certas plantas cultivadas. *Hort. Sci.*, **9**(2): 324-325.

Urban, L., Lechaudel, M., Lu P., (2004). Effect of fruit load and girdling on leaf photosynthesis in Mangifera indica L. *Journal of Experimental Botany,* **55**(405): 2075-2085.

Velumani, N. P. e Ramaswamy, K. R. (1980). Efeito da colheita de frutos na altura da planta e na produção de sementes de quiabo [*Abelmoschus esculentus* (L.)Moench]. *Seed Res.*, **8**(1): 52-58.

Verma; Kumar, M.; Srivastava, B. K. e Singh, M.P. (2004). Effect of pod position and stage of harvesting on the seed quality of okra [*Abelmoschus esculentus* (L.) Moench]. *Veg. Sci.,* **31**(2): 73-74.

Yadav, S. K. e Dhankhar, B. S. (2001). Produção de sementes e qualidade do quiabo [*Abelmoschus esculentus* L. moench] cv. Varsha Uphar afectadas pela época de sementeira e pela posição do fruto na planta. *Seed Res.*, **23**(1): 47-51.

Zeven, A. C. e Zhukovsky, P. M. (1975). Dicionário de plantas cultivadas e seus centros de diversidade. Centre for Agricultural publishing and documentation, Wageningen, Países Baixos, 210.

Zubairu, Y.; Oladiran, J. A.; Osunde, O. A. e Ismaila, U. (2017). Efeito do fertilizante nitrogenado e das posições dos frutos na produção de frutos e sementes de quiabo (*Abelmoschus Esculentus* L. Moench). J. Plant Studies, **6**(1): 111-113.

APÊNDICE I

Dados meteorológicos semanais (valores médios) sobre temperatura máxima e mínima, humidade relativa, luz solar e evaporação registados durante o período de crescimento da cultura (fevereiro de 2018 a maio de 2018) na Quinta Sagdividi, JAU, Junagadh.

Mês	Semana normal	Temperatura CO		Humidade relativa (%)		Sol (horas dia- 1)	Evaporação (mm dia)$^{-1}$
		Máximo.	Min.	Manhã	Noite		
fevereiro 2018	9	37.3	20.3	47	20	8.5	7.7
março 2018	10	36.3	18.4	78	21	10.3	6.7
	11	36.7	20.3	60	16	10.4	8.3
	12	36.2	20.4	60	21	9.7	9.0
	13	41.4	21.3	60	16	9.6	9.1
abril de 2018	14	40.1	22.2	76	21	9.7	9.2
	15	39.4	23.9	78	22	8.7	8.3
	16	40.8	24.9	67	17	10.8	10.3
	17	40.7	23.8	65	20	11.0	9.9
maio de 2018	18	39.7	26.1	83	26	10.2	9.6
	19	41.0	26.2	79	24	10.8	10.7
	20	42.0	27.0	82	25	8.5	10.3
	21	42.2	27.3	79	23	8.7	10.5
	22	39.5	28.1	82	45	5.8	9.8

APÊNDICE II

Planta de implantação

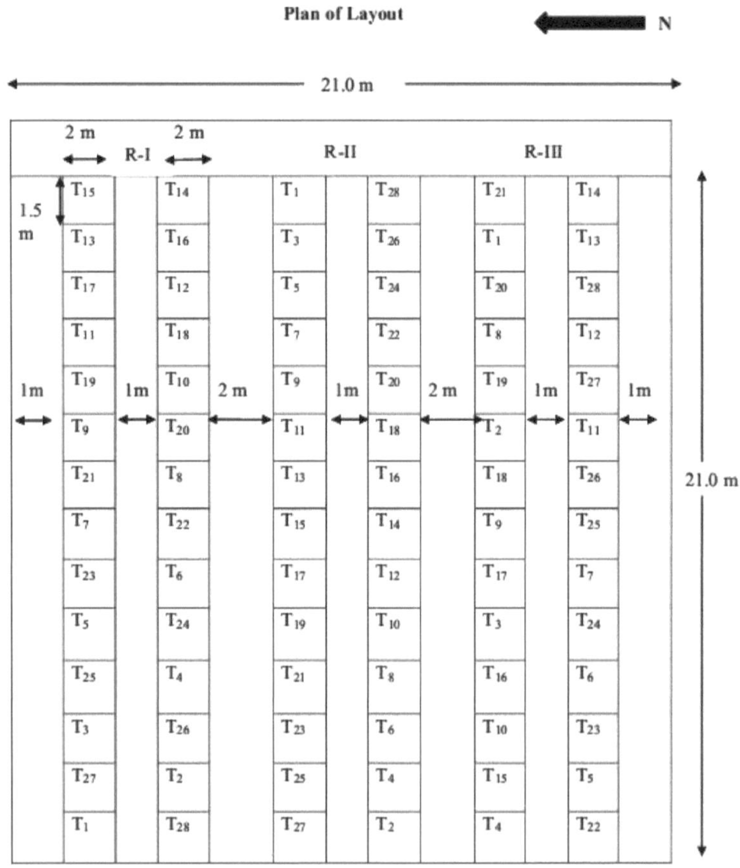

Desenho: Fatorial Randomized Block Design Replicação: Três Tamanho da parcela: Bruta: 2 m × 1,5 m, Líquida: 1,6 m × 0,8 m

Detalhes do tratamento

V = Variedades

VI : GJO-3

v2: GAO-5

H = Retenção de frutos

H1: Retenção de frutos nascidos em nós diferentes para fins de semente

H2: Retenção de todos os frutos

C = Recolha de sementes de diferentes posições do fruto

C1 : De frutos nascidos em 1-3 nós

C2 : De frutos nascidos em 4-8 nós

C3 : De frutos nascidos acima de 8th nó

C4 : De frutos nascidos em 1-8 nós

C5 : De frutos nascidos em 1-3 nós e acima de 8th nó

C6 : De frutos nascidos acima de 4th nós

C7 : De todos os frutos

Combinações de tratamento

T1: V1H1C1	T15: V2H1C1
T2: V1 H1C2	T16: V2H1C2
T3: V1H1C3	T17: V2 H1C3
T4: V1H1C4	T18: V2 H1C4
T5: V1H1C5	T19: V2 H1C5
T6: V1H1C6	T20: V2H1C6
T7: V1H1C7	T21: V2H1C7
T8: V1 H2C1	T22: V2 H2C1
T9: V1 H2C2	T23: V2 H2C2
T10: V1 H2C3	T24: V2 H2C3
T11: V1H2C4	T25: V2H2C4
T12: V1 H2C5	T26: V2 H2C5
T13: V1 H2C6	T27: V2 H2C6
T14: V1 H2C7	T28: V2 H2C7

APÊNDICE III

Efeito da posição do fruto e da carga de retenção do fruto na emergência no campo (%), dias para o início da floração, altura da planta aos 30 DAS (cm) e teor de humidade das sementes (%) em variedades de quiabos.

Tratamento	Emergência no campo (%)	Dias para o início da floração	Altura da planta aos 30 DAS (cm)	Teor de humidade das sementes (%)
Variedades (V)				
V1	86.35	42.92	20.97	8.24
V2	87.14	42.39	20.14	8.28
S. Em±	1.58	0.14	0.23	0.06
CD a 5 %	NS	0.39	0.66	NS
Retenção de frutos (H)				
H1	88.49	42.48	20.22	8.19
H2	85.00	42.83	20.88	8.33
S. Em±	1.58	0.14	0.23	0.06
CD a 5 %	NS	NS	NS	NS
Recolha de sementes de diferentes posições do fruto (C)				
C1	88.89	42.50	20.14	8.12
C2	81.94	42.35	20.21	8.37
C3	88.61	42.30	20.88	8.47
C4	85.83	42.78	20.84	8.18
C5	84.72	42.80	20.65	8.16
C6	89.17	43.22	20.62	8.38
C7	88.06	42.63	20.52	8.14
S. Em±	2.95	0.25	0.44	0.11
CD a 5 %	NS	NS	NS	NS
Variedades (V) x Retenção de frutos (H)				
V1H1	89.84	42.80	20.80	8.18
V1H2	82.86	43.05	21.13	8.29
V2H1	87.14	42.15	19.64	8.20
V2H2	87.14	42.62	20.63	8.36
S. Em±	2.23	0.19	0.33	0.08
CD a 5 %	NS	NS	NS	NS
Variedades (V) x Recolha de sementes de diferentes posições dos frutos (C)				
V1C1	86.67	43.07	20.45	7.80
V1C2	83.33	42.30	20.78	8.51
V1C3	92.22	42.83	21.51	8.47
V1C4	82.22	42.70	22.01	8.19
V1C5	84.45	43.27	20.97	8.30
V1C6	84.45	43.43	20.18	8.35
V1C7	91.11	42.87	20.87	8.05
V2C1	91.11	41.93	19.83	8.44
V2C2	80.56	42.40	19.64	8.24
V2C3	85.00	41.77	20.26	8.47
V2C4	89.45	42.87	19.67	8.17
V2C5	85.00	42.33	20.33	8.02
V2C6	93.89	43.00	21.06	8.41
V2C7	85.00	42.40	20.17	8.23
S. Em±	4.17	0.36	0.62	0.16
CD a 5 %	NS	NS	NS	NS
Retenção de frutos (H) x Recolha de sementes de diferentes posições do fruto (C)				
H1C1	92.22	42.40	19.20	7.90
H1C2	84.45	42.27	19.14	8.35
H1C3	87.22	42.23	20.49	8.32
H1C4	95.56	43.00	20.93	8.11
H1C5	81.11	42.23	19.98	8.14
H1C6	87.78	42.93	20.70	8.32
H1C7	91.11	42.27	21.10	8.21
H2C1	85.56	42.60	21.08	8.34
H2C2	79.44	42.43	21.28	8.40
H2C3	90.00	42.37	21.27	8.63
H2C4	76.11	42.57	20.75	8.26
H2C5	88.33	43.37	21.32	8.17
H2C6	90.56	43.50	20.54	8.44
H2C7	85.00	43.00	19.94	8.07
S. Em±	4.17	0.36	0.62	0.16
CD a 5 %	NS	NS	NS	NS

Variedades (V) x Retenção de frutos (H) x Recolha de sementes de diferentes posições dos frutos (C)				
V1H1C1	93.33	42.93	19.54	7.33
V1H1C2	90.00	42.33	20.79	8.60
V1H1C3	91.11	43.13	20.97	8.36
V1H1C4	95.56	42.73	22.67	8.29
V1H1C5	84.45	42.80	19.97	8.27
V1H1C6	84.45	43.33	19.77	8.36
V1H1C7	90.00	42.33	21.92	8.08
V1H2C1	80.00	43.20	21.36	8.26
V1H2C2	76.66	42.27	20.78	8.42
V1H2C3	93.33	42.53	22.05	8.59
V1H2C4	68.89	42.67	21.36	8.09
V1H2C5	84.44	43.73	21.96	8.33
V1H2C6	84.45	43.53	20.59	8.33
V1H2C7	92.22	43.40	19.81	8.01
V2H1C1	91.11	41.87	18.86	8.46
V2H1C2	78.89	42.20	17.50	8.10
V2H1C3	83.33	41.33	20.02	8.28
V2H1C4	95.56	43.27	19.20	7.93
V2H1C5	77.78	41.67	19.98	8.02
V2H1C6	91.11	42.53	21.63	8.28
V2H1C7	92.22	42.20	20.29	8.33
V2H2C1	91.11	42.00	20.79	8.42
V2H2C2	82.22	42.60	21.78	8.37
V2H2C3	86.67	42.20	20.49	8.66
V2H2C4	83.33	42.47	20.14	8.42
V2H2C5	92.22	43.00	20.69	8.02
V2H2C6	96.67	43.47	20.48	8.55
V2H2C7	77.78	42.60	20.06	8.13
Média	86.75	42.65	20.55	8.26
S. Em±	5.90	0.51	0.88	0.22
CD a 5 %	NS	NS	NS	NS
CV %	11.79	2.07	7.39	4.70

MIX
Papier aus verantwortungsvollen Quellen
Paper from responsible sources
FSC® C105338

Printed by Books on Demand GmbH, Norderstedt / Germany